눈으로 보는 **수학**

Ⅱ

Proofs Without Words

More Exercises in Visual Thinking

눈으로 보는 수학

Ⅱ

로저 넬센 지음 | **권창욱** 옮김

$$\frac{1}{4}+\left(\frac{1}{4}\right)^2+\left(\frac{1}{4}\right)^3+\cdots=\frac{1}{3}$$

청문각®

눈으로 보는 수학 II

1판 1쇄 펴냄 | 2021년 9월 1일

지은이 로저 넬센
옮긴이 권창욱
펴낸이 김한준

펴낸곳 청문각®
출판등록 2007년 3월 18일 (제2007-000071호)
공급처 엘컴퍼니
주소 서울시 강남구 학동로 23길 58 (우) 06041
전화 (02)549-2376
팩스 (0504)496-8133
이메일 hansbook@gmail.com

ISBN 978-11-85408-32-3
978-11-85408-30-9 (세트)

청문각은 엘컴퍼니의 과학기술도서 출판브랜드입니다.

머리말

증명이란 어떤 명제가 참임을 설득하는 것이 아니라 왜 참인지를 보여주는 것이다.

– 앤드류 글리슨Andrew Gleason

좋은 증명은 우리를 더 현명하게 만든다.

– 유리 마닌Yu. I. Manin

이미 증명된 정리에 새로운 증명을 찾는 경우가 많은데, 이는 그저 기존의 증명이 매력적이지 않기 때문이다. 유명한 수리물리학자인 레일리 남작Lord Rayleigh의 말을 빌자면, 이들은 "인정할 것을 요구하는" 설득력있는 수학적 표현 일뿐이다. 그런데 어떤 증명들은 "지식인들을 유혹하고 매료시켜서 큰 기쁨과 감동 속에 '아멘"아멘' 하고 외치게끔 만든다." 우아하게 짜인 증명은 한 편의 시다. 쓰인 방식만 다를 뿐이다.

– 모리스 클라인Morris Kline

'무언증명Proofs without words (PWW)'이란 무엇일까요? 이 두 번째 모음집에서 곧 보게 될 텐데, 간단명료하게 답할 수 없는 질문입니다(첫 번째 모음집인 《눈으로 보는 수학 I》은 1993년 미국수학협회Mathematical Association of America(MAA)에서 출간되었습니다). 일반적으로 무언증명이란 특정 수학적 명제가 **왜** 참인지를 보여주며 그 증명을 **어떻게** 시작해야 하는지 보여주는 그림이나 도형을 말합니다. 때로는 독자의 이해를 돕기 위해 수식이 한두 개 추가되기도 하지만, 독자들의 수학적인 사고를 고양하기 위해 눈으로 볼 수 있는 단서들을 제공하는 게 주목적입니다.

무언증명은 MAA의 학술지에 고정적으로 실리고 있습니다. 1975년 《수학 매거진Mathematics Magazine》에 처음 등장했으며 약 10년 뒤 《대학 수학 저널The College Mathematics Journal》에도 실리기 시작했습니다. 그런데 무언증명은 최근에서야 만들어진 것이 아닙니다. 상당히 긴 역사가 있습니다. 여러분은 이 책을 통해 고대 중국, 10세기 아랍, 르네상스 시대 이탈리아 등에서 만들어진 무언증명의 현대적인 번역판을 보게 될 것입니다. 또한, 무언증명은 미국뿐만 아니라 세계 여러 기관에서 발행하는 학술지에도 등장하고 있으며 인터넷 웹사이트에서도 찾아볼 수 있습니다.

물론, 무언증명이 진짜 "증명"은 아니라 하는 사람들도 있습니다(그리고 무언증명에 수식이 자주 등장한다는 점을 지적하며 "무언without words"도 아니라 합니다). 제임스 브라운James Robert Brown은 최근에 그의 저서 《수학의 철학: 증명과 그림의 세계에 대한 소개Philosophy of Mathematics: An Introduction to the World of Proofs and Pictures》(Routledge, London, 1999)에서 다음과 같이 말하고 있습니다.

"우리처럼 수학자들도 뛰어난 생각을 존중하며 특히 독창적인 그림에 매료된다. 하지만 이러한 감상이 보편적인 회의론을 압도하지는 못한다. 결국 도형diagram이란 – 잘해봐야 – 특별한 한 경우를 나타낼 뿐이니 일반적인 정리를 확증할 수는 없다는 것이다. 오히려 철저한 오해를 불러올 소지가 있다고 본다. 모두가 그런 것은 아니지만 대다수 수학자들은 그림이란 그저 발견heuristic을 위한 도구일 뿐이라 여긴다. 심리학적으로 시사하는 바도 있고 교육적으로도 중요하지만 아무것도 **증명**하지는 못한다는 것이다. 하지만, 나는 정반대로 그림이 – 발견 도구의 역할을 훌쩍 뛰어넘어 – 본격적인 증거나 정당화가 되는 경우를 선보이고자 한다. 요컨대, 그림은 정리를 증명할 수 있다는 말이다."

《눈으로 보는 수학 I》 소개 글에서 저는 학교 선생님들이 무언증명을 학생들과 공유하고 싶어 할 거라고 이야기했습니다. 1권을 읽은 여러 독자께서 저에게 알려주신 바에 따르면, 모든 수준의 수업에서 – 고등학교 수학에서부터 대학의 미적분학, 정수론, 조합론과 예비교사와 현장교사들을 위한 과목들에 이르기까지 – 무언증명이 쓰인다고 합니다. 무언증명이 증명의 보조 자료로 자주 등장할 뿐 아니라 "교과서"에 등장하는 증명, 예컨대 피타고라스의 정리나 자연수의 합, 제곱수의 합, 세제곱수의 합의 공식 등의 증명을 대체하기도 하며, 숙제나 시험문제뿐만 아니라 학생들의 수업 발표 자료나 학기말 과제, 프로젝트 등에 광범위하게 활용된다고 합니다.

1권과 마찬가지로, 이 모음집도 완전하지 않습니다. 1권은 1993년에 발간되었는데, 그 뒤로 나온 무언증명을 모두 모은 것도 아니며 1권을 만들 때 미처 넣지 못했던 것들을 다 담지도 못했습니다. MAA학술지의 독자들이라면 이미 잘 알고 계시듯이 무언증명이 학술지에 이전보다 자주 등장하고 있으며, 최근에는 인터넷 웹사이트에서 움직이고 조작할 수 있는 형태로도 등장하고 있습니다.

저는 이 책을 통해 여러분들이 수학적인 아이디어를 보여주는 우아한 시각적 표현들을 새롭게 발견하거나 다시 찾는 기쁨을 누리게 되길 바랍니다. 무엇보다 교사들이 학생들과 공유하게 되길 바라며, 누구든 새로운 무언증명을 만들고자 하는 도전과 격려를 받게 되길 바랍니다.

감사의 글. 무언증명을 투고해 주신 모든 분(인명 색인 참조)에게 존경과 감사의 말씀을 드립니다. 이분들이 없었다면 이 책은 없었을 테니까요. 초고를 꼼꼼히 읽고 많은 조언을 해 준《교실 수업 자료Classroom Resource Materials》편집위원회의 앤디 스테럿Andy Sterrett과 위원들에게도 감사를 드립니다. 이 책을 출판을 준비하면서 저를 격려해주고 자신들의 전문성을 살려 열심히 일해 준 MAA의 출판부의 일레인 페드레이라Elaine Pedreira, 베벌리 루에디Beverly Ruedi, 돈 앨버스Don Albers에게도 감사를 전합니다.

로저 넬센
루이스 앤 클라크 대학
미국 오리건주 포틀랜드

참고

1. 이 책에 실린 모든 그림은 통일성을 위해 다시 그린 것입니다. 제목이 조금 바뀐 것들이 몇 개 있고, 눈에 더 잘 띄게 하려고 음영이나 기호를 넣기도 했습니다. 이 과정에서 실수가 생겼다면 전적으로 제 책임입니다.
2. 같은 정리에 대한 증명이 여러 개면 로마 숫자를 이용해서 구분했고, 번호는《눈으로 보는 수학 I》에 이어서 붙였습니다. 예를 들어, 피타고라스의 정리에 대한 무언증명이 1권에 여섯 개가 있으므로 같은 정리에 관한 이 책의 첫 번째 무언증명은 "피타고라스의 정리 VII"이 됩니다.
3. 이 책의 증명 일부는 윌리엄 로웰 퍼트넘 수학경시대회와 캐나다 수학 올림피아드 같은 경시대회 문제의 "해답"이기도 합니다. 그렇지만, 퍼트넘 경시대회를 예로 들자면 "만점을 받기 위해서는 증명에 필요한 모든 과정을 명시해야 한다"라는 규정이 있으므로 이런 "해답"이 경시대회에서 높은 점수를 받을 수 있을 것 같지는 않습니다.
4. 앞부분에 있는 세 개의 인용문은 각각 로즈메리 슈말츠Rosemary Schmalz가 지은《수학자의 명언Out of Mouths of Mathematicians》(MAA, 1993)의 75, 62, 135~136쪽에서 가져왔습니다.

차 례

기하와 대수

Geometry & Algebra

피타고라스의 정리Ⅶ

– 아라비아의 아나리지 (900년경)

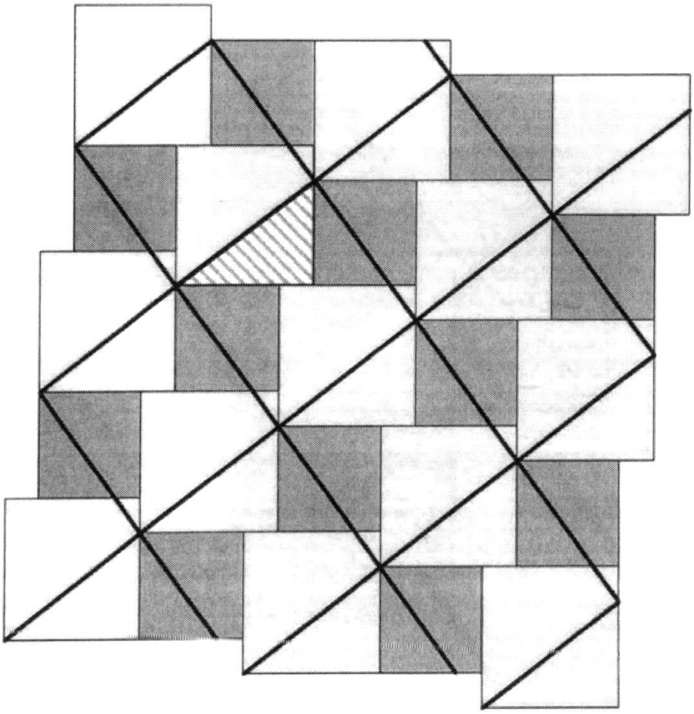

피타고라스의 정리 Ⅷ

– 유휘 (劉徽, 3세기)

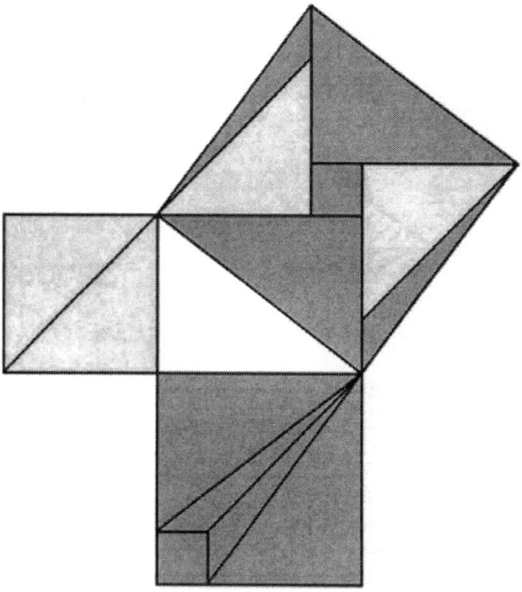

피타고라스의 정리 IX

– 레오나르도 다 빈치 (1452~1519)

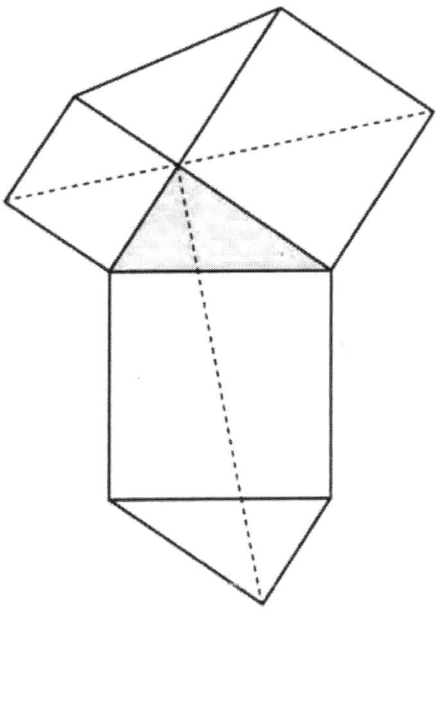

피타고라스의 정리 X

– J.E. 보처 (J.E.Bottcher)

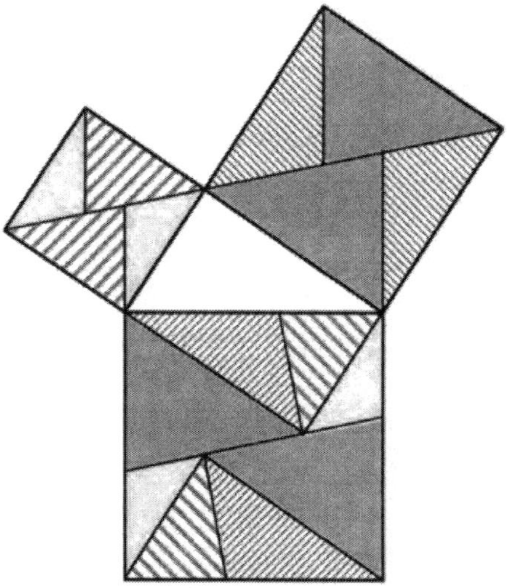

피타고라스의 정리 XI

– 프랭크 버크 (Frank Burk)

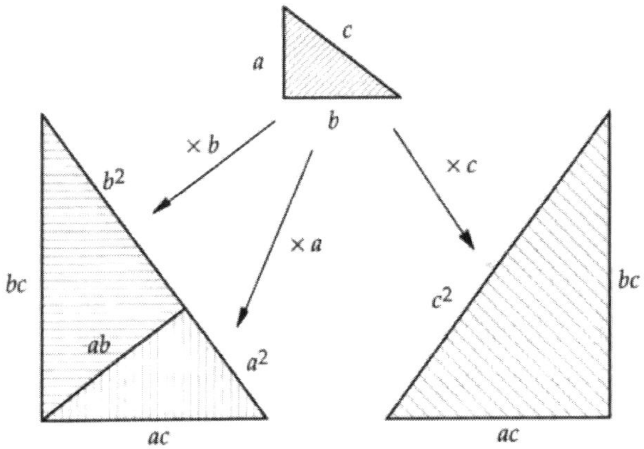

피타고라스의 정리 XII

– 박부성

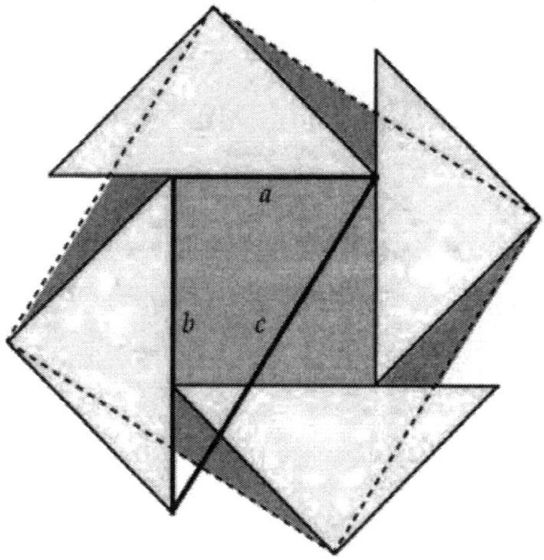

$$a^2+b^2=c^2$$

피타고라스의 정리의 일반화

– 데이비드 와이즈 (David S. Wise)

평행사변형의 각 대각선을 한 변으로 하는 두 정사각형의 넓이의 합은 평행사변형의 각 변을 한 변으로 하는 네 정사각형의 넓이의 합과 같다.

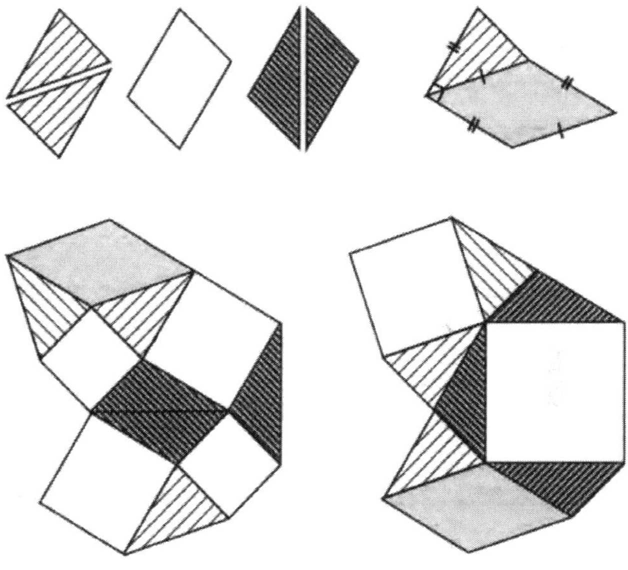

따름정리: (평행사변형이 직사각형일 때) 피타고라스의 정리가 성립한다.

히포크라테스의 정리 (기원전 약 440년)

– 유진 마제럼 (Eugene A. Margerum)과 마이클 맥도넬 (Michael M. McDonnell)

빗변이 아닌 직각삼각형의 두 변 위에 놓인 활꼴의 넓이의 합은 삼각형의 넓이와 같다.

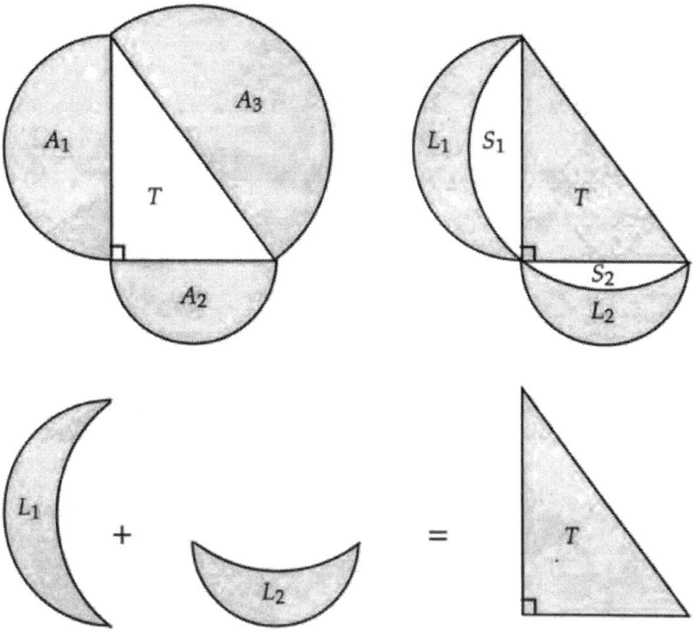

$$A_1 + A_2 = A_3$$

$$(L_1 + S_1) + (L_2 + S_2) = T + S_1 + S_2$$

$$L_1 = L_2 = T$$

한 내각이 $\frac{\pi}{12}$인 직각삼각형의 넓이

– 클라라 핀터 (Klara Pinter)

직각삼각형의 넓이가 $\frac{1}{8}$(빗변)^{2}일 때는 한 내각이 $\frac{\pi}{12}$일 때뿐이다.

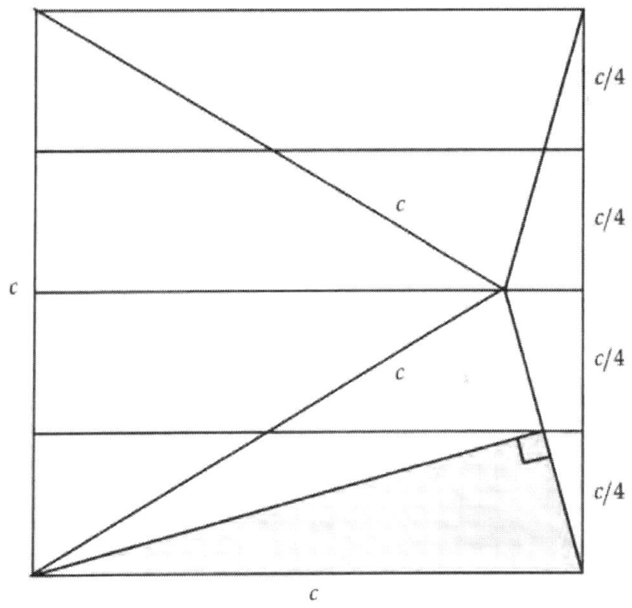

직각삼각형 부등식

– 캐나다 수학올림피아드(1969) 문제 3번

두 변의 길이가 a, b인 직각삼각형의 빗변의 길이를 c라 하면 $a+b \leq c\sqrt{2}$가 됨을 보이시오. 등호는 언제 성립하는가?

풀이:

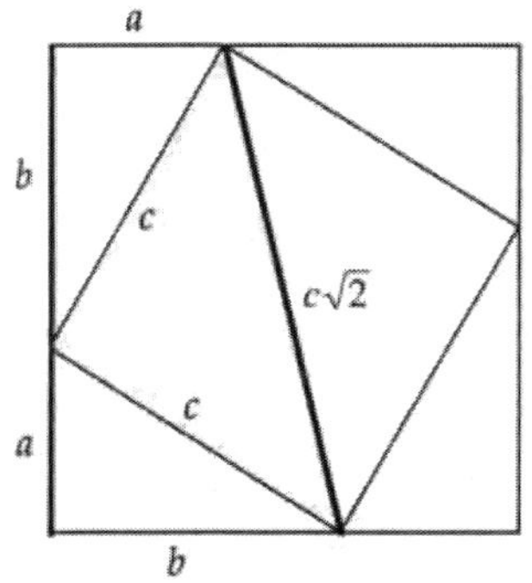

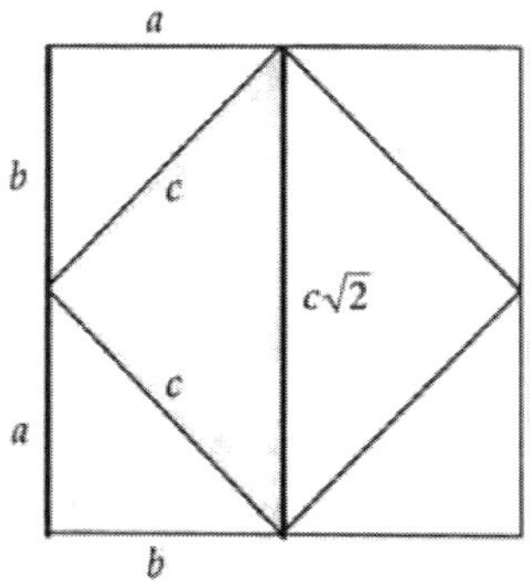

$$a+b \leq c\sqrt{2} \qquad a+b \leq c\sqrt{2} \Longleftrightarrow a=b$$

직각삼각형의 내접원의 반지름

– 유휘 (劉徽, 3세기)

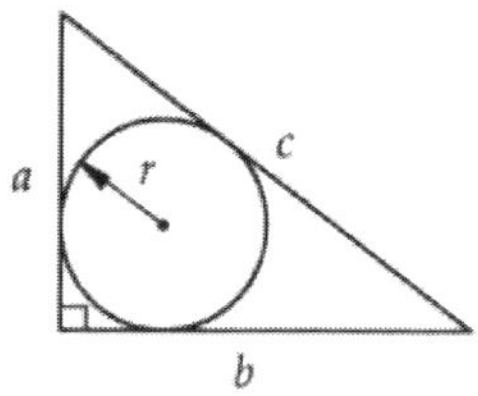

Ⅰ. $r=\dfrac{ab}{a+b+c}$

Ⅱ. $r=\dfrac{a+b-c}{2}$

Ⅰ. $ab=r(a+b+c)$

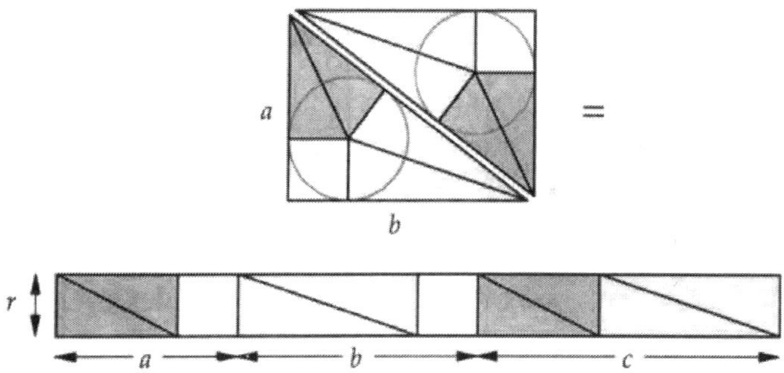

Ⅱ. $c=a+b-2r$

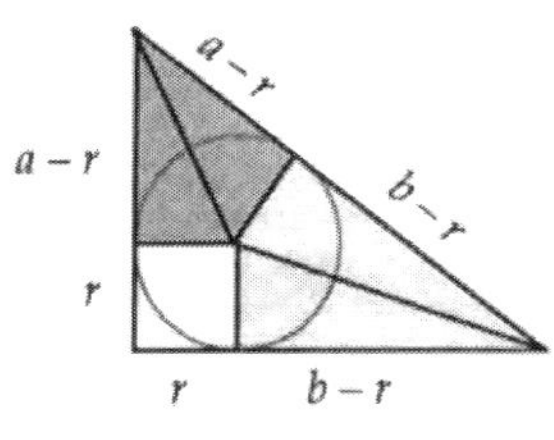

삼각형의 둘레와 내접원의 반지름의 곱은 삼각형의 넓이의 두 배다.

– 그레이스 린 (Grace Lin)

Ⅰ.

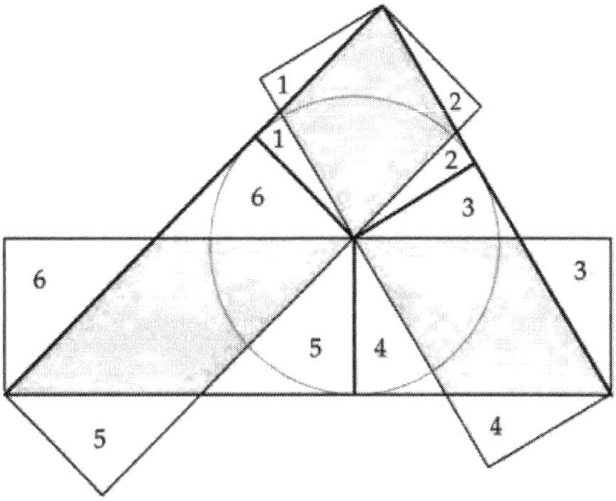

참고: 그림에서 같은 숫자로 표시된 영역은 같은 넓이다.

Ⅱ.

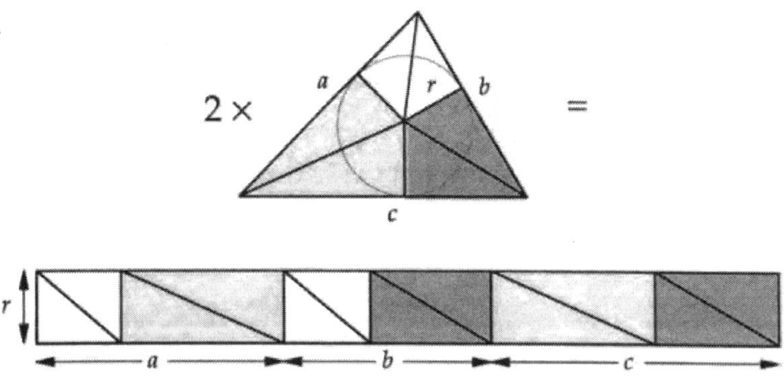

넓이가 같은 네 삼각형

– 스티븐 스노버 (Steven L. Snover)

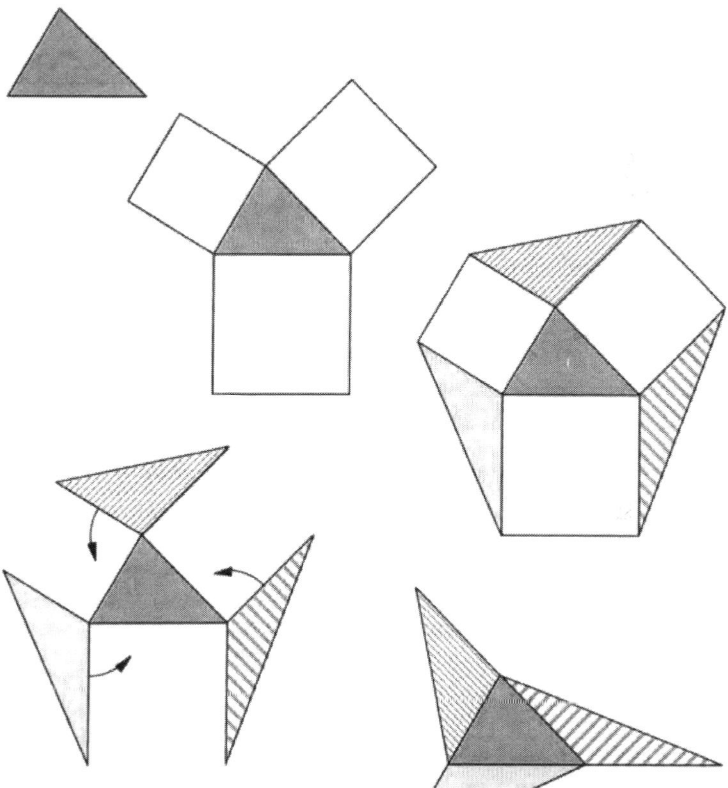

삼각형의 세 중선으로 만든 삼각형의 넓이는 주어진 삼각형의 넓이의 $\frac{3}{4}$이다

– 노버트 헝거뷜레 (Norbert Hungerbuhler)

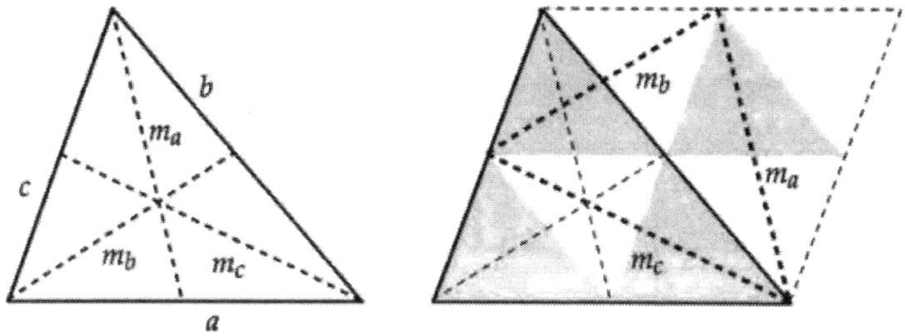

$$S(\triangle m_a m_b m_c)=\frac{3}{4}S(\triangle abc)$$

삼각형을 7등분하기

– 윌리엄 존스턴 (William Johnston)과 조 케네디 (Joe Kennedy)

(첫 그림처럼) 삼각형의 각 꼭짓점과 마주 보는 변을 삼등분하는 점을 이었을 때 가운데 부분에 놓이는 삼각형의 넓이는 주어진 삼각형의 넓이의 $\frac{1}{7}$이다.

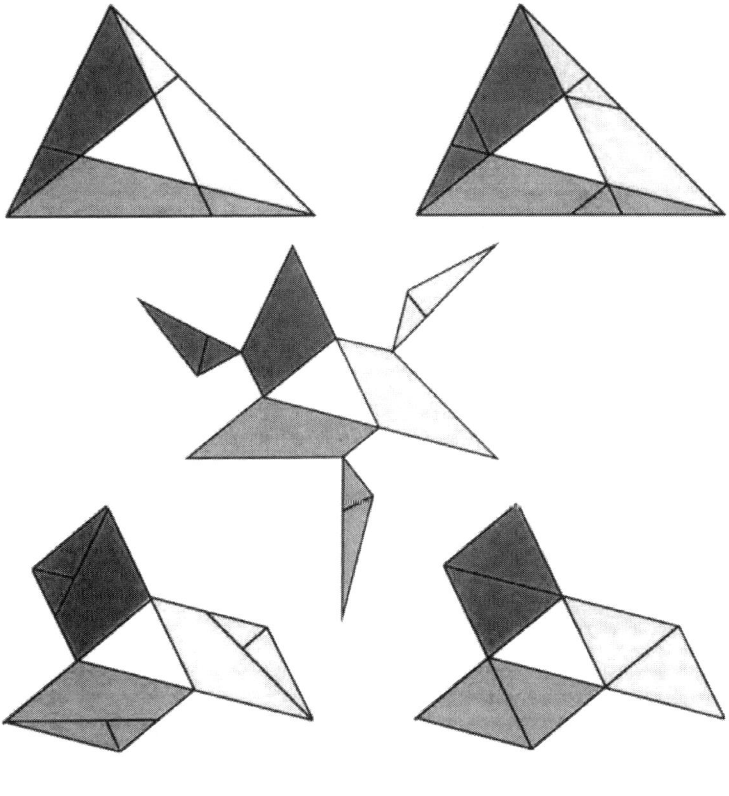

《월간 미국 수학》에 실린 황금분할 문제

– 《월간 미국 수학 American Mathematical Monthly》(1983, p.482) 문제 E3007
– 얀 반 데 크라츠 (Jan van de Craats)

정삼각형 DEF의 두 변 EF와 ED의 중점을 각각 A, B라 하자. A에서 B로 그은 선분의 연장선이 삼각형의 외접원과 만나는 점을 C라 할 때, B가 선분 AC를 황금분할함을 보이시오.

풀이:

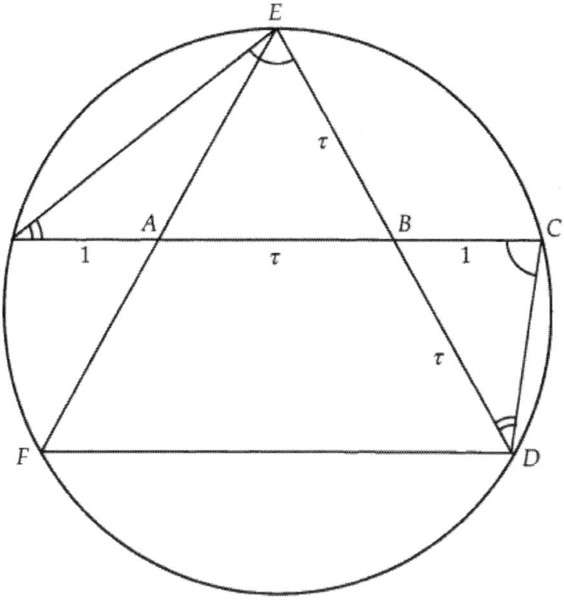

$$\tau^2 = \tau + 1$$

정사각형과 평행사변형으로 타일 깔기

– 알피니오 플로레스 (Alfinio Flores)

평행사변형의 각 변 위에 놓인 정사각형의 무게중심을 연결하면 정사각형이 된다.

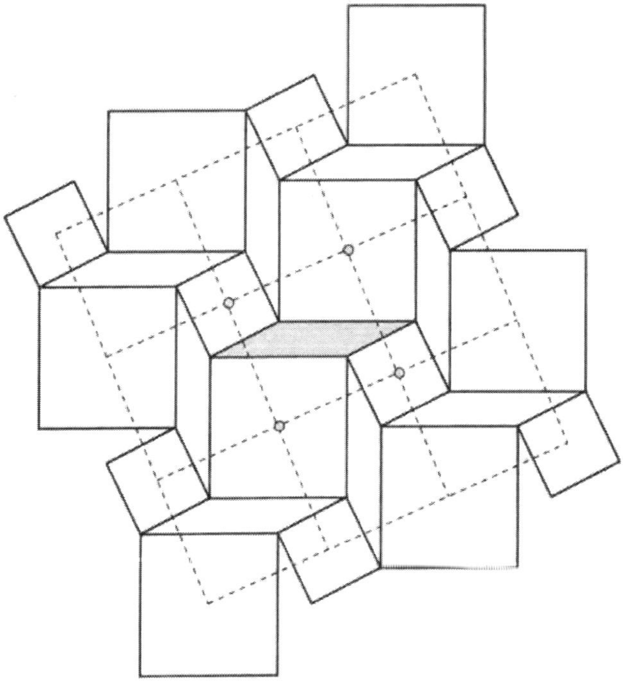

사각형의 넓이 I

– 데이비드 셰어 (David B. Sher), 로널드 스커닉 (Ronald Skurnick), 딘 나타로 (Dean C. Nataro)

사각형의 넓이는 두 대각선의 길이의 곱보다 작거나 두 대각선이 수직일 경우에만 같다.

Ⅰ. 볼록 사각형

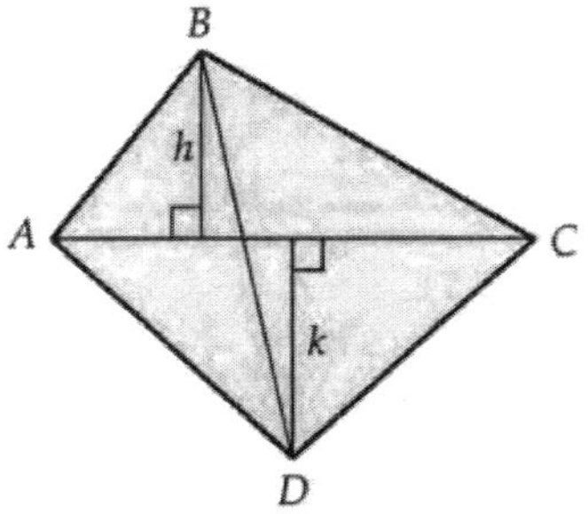

$$S=\frac{1}{2}\overline{AC}\cdot(h+k)$$
$$\le\frac{1}{2}\overline{AC}\cdot\overline{BD}$$

Ⅱ. 오목 사각형

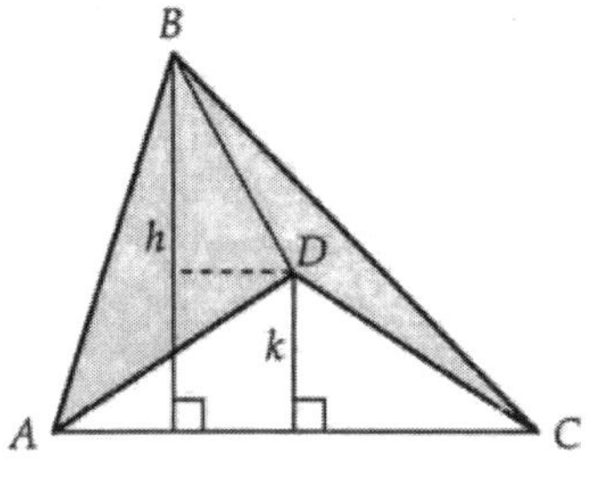

$$S=\frac{1}{2}\overline{AC}\cdot(h-k)$$
$$\le\frac{1}{2}\overline{AC}\cdot\overline{BD}$$

사각형의 넓이 Ⅱ

사각형 Q의 넓이는 두 변이 사각형 Q의 두 대각선과 평행이며 같은 길이인 평행사변형 P의 넓이의 반이다.

Ⅰ. Q가 볼록일 경우

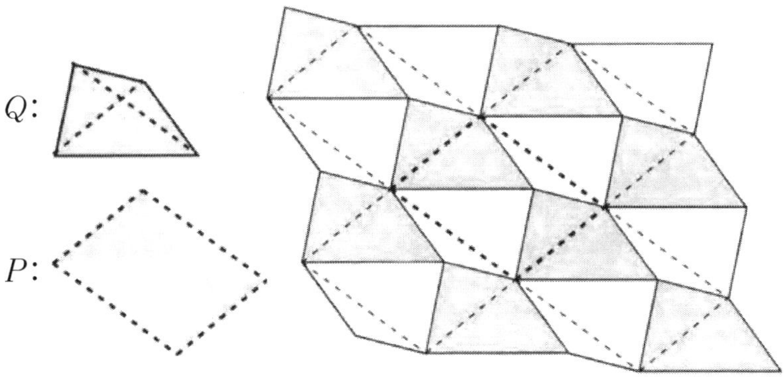

Ⅱ. Q가 오목일 경우

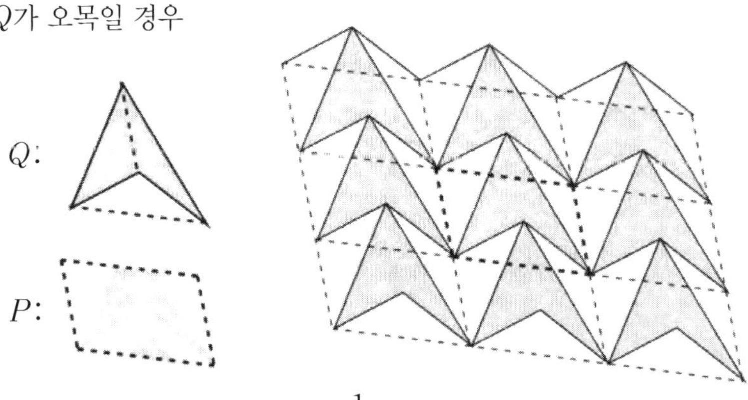

$$\text{넓이}(Q)=\frac{1}{2}\,\text{넓이}(P)$$

정사각형 안의 정사각형

정사각형의 꼭짓점과 마주 보는 변의 중점을 연결할 때, 안쪽에 생기는 정사각형의 넓이는 주어진 정사각형 넓이의 $\frac{1}{5}$이다.

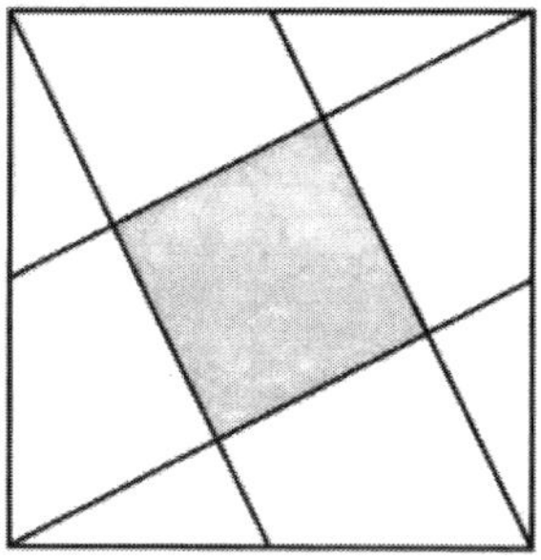

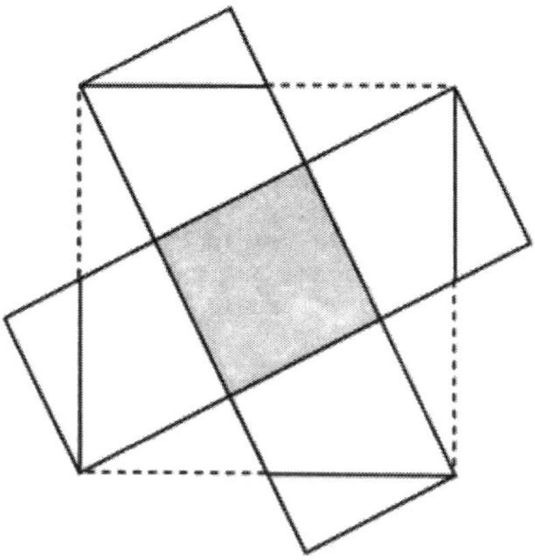

정다각형의 넓이와 둘레

원에 내접하는 정$2n$각형의 넓이는 원의 반지름과 원에 내접하는 정n각형의 둘레의 곱의 $\frac{1}{2}$이다. $(n \geq 3)$

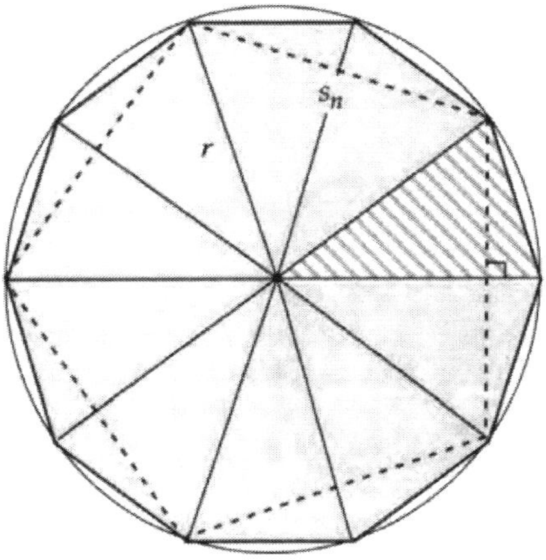

$$\frac{1}{2n} \text{넓이}(P_{2n}) = \frac{1}{2} \cdot r \cdot \frac{1}{2} s_n$$

$$\therefore \text{넓이}(P_{2n}) = \frac{r}{2} n s_n$$

$$= \frac{r}{2} \text{둘레}(P_n)$$

따름정리: [바스카라Bhaskara가 쓴 릴라바티Lilavati (인도, 12세기)] 원의 넓이는 반지름과 둘레의 곱의 반과 같다.

퍼트넘의 팔각형의 넓이

– 제39회 윌리엄 로웰 퍼트넘 수학 경시대회(1978) 문제 B1

원에 내접하는 팔각형의 연속하는 네 변의 길이가 각각 3이고 나머지 네 변의 길이는 각각 2일 때 이 팔각형의 넓이를 구하시오.
답은 $r+\sqrt{t}$ $(r, s, t$는 양의 정수)꼴로 쓰시오.

풀이:

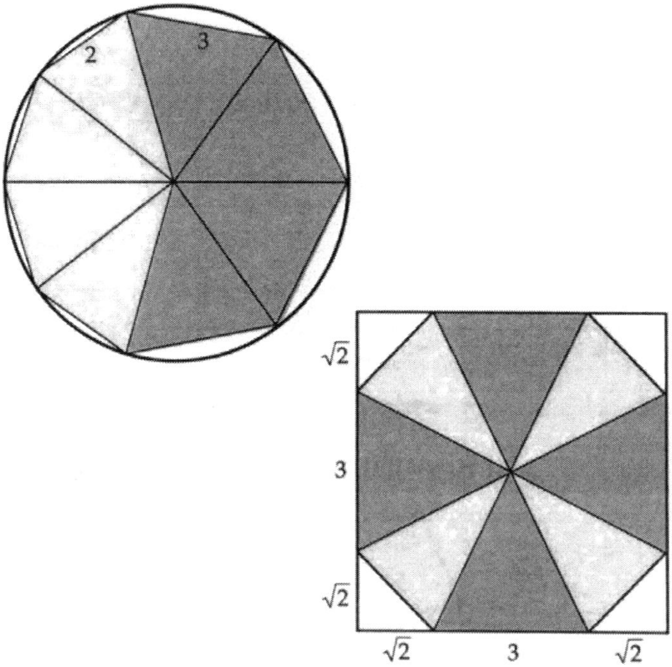

$$S=(3+2\sqrt{2})^2-4\cdot\frac{1}{2}(\sqrt{2})^2=13+12\sqrt{2}$$

퍼트넘의 십이각형

– 제24회 윌리엄 로웰 퍼트넘 수학 경시대회(1963) 문제 Ⅰ – 1

(i) 정육각형 1개, 정사각형 6개, 정삼각형 6개를 겹치지 않게 배열하여 정십이각형을 만들 수 있음을 보이시오.

(ii) 정십이각형의 꼭짓점을 순서대로 P_1, P_2, $\cdots$, P_{12}라 할 때, 세 대각선 P_1P_9, P_2P_{11}, P_4P_{12}의 교점에 대해 논하시오.

풀이: Ⅰ.

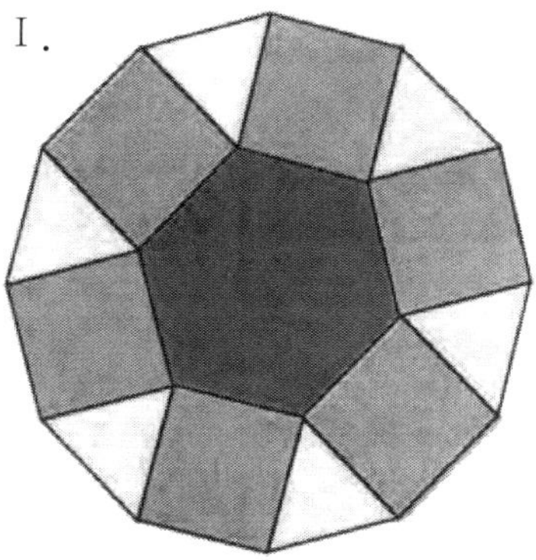

Ⅱ.

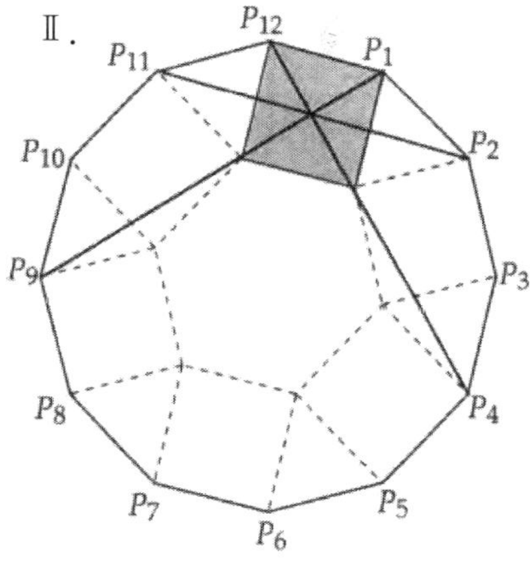

$$\angle P_1P_{12}P_4 = \angle P_{12}P_1P_9 = \pi/4,$$
$$\angle P_1P_2P_{11} = \angle P_{12}P_{11}P_2 = \pi/6,$$
$$\therefore\ P_1P_9 \cap P_2P_{11} \cap P_4P_{12} \neq \varnothing.$$

연습문제

네 대각선 P_1P_6, P_2P_9, P_3P_1, P_4P_{12}의 교점에 대해 논하시오. (*AMATYC review*, 1985, p.61, 문제 F–4(b))

정십이각형의 넓이

– J. 퀴르샤크 (J. Kurschak)

외접원의 반지름이 1인 정십이각형의 넓이는 3이다.

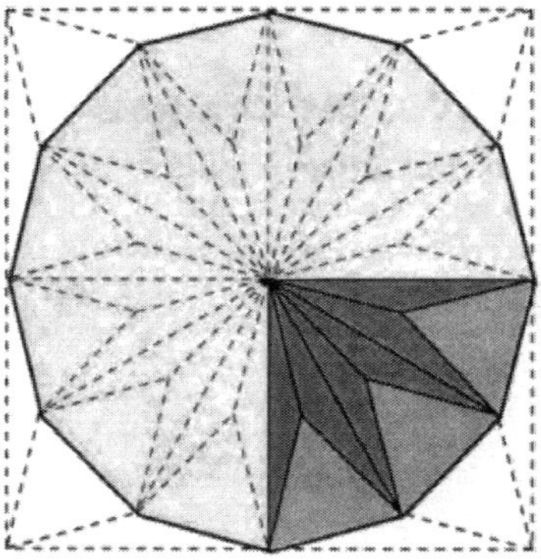

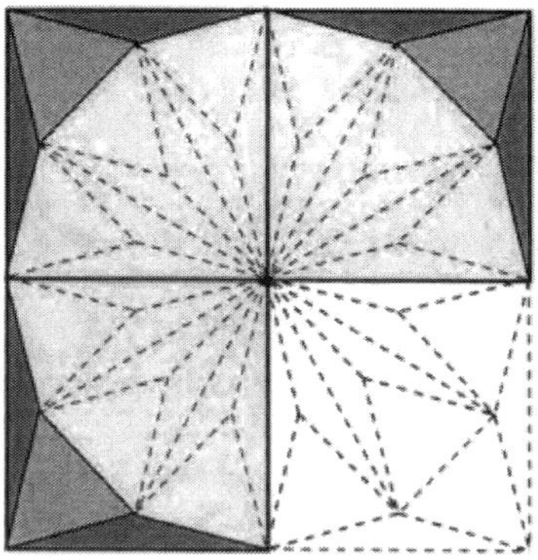

피자를 공평하게 나누기

– 래리 카터 (Larry Carter)와 스탠 웨건 (Stan Wagon)

피자 정리: 피자를 여덟 조각 내기 위해 피자 안의 한 점에서 45도 각도로 자른다. 잘린 조각들을 하나씩 건너뛰어 넓이를 더하면 그 합이 서로 같다.

증명:

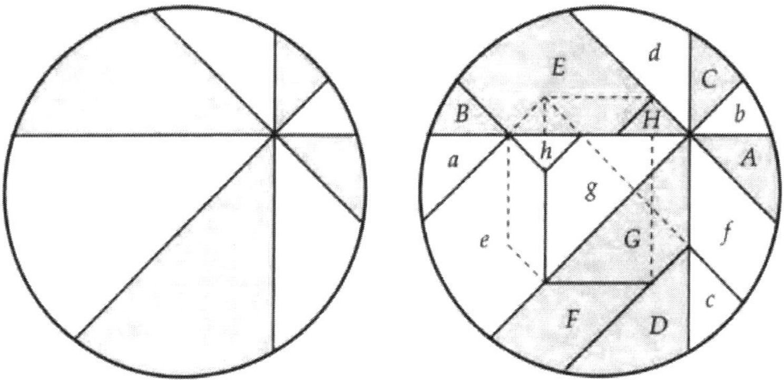

참고: 이 정리는 업튼(L.J.Upton)이 발견한 것인데, 피자의 조각 수를 n이라 하면 이 8, 12, 16, …인 경우는 참이지만 n이 2, 4, 6, 10, 14, 18, …인 경우는 거짓이다. 참인 경우에 대한 설명은 참고문헌에 실려 있다. 거짓인 경우 중에서 $n=4$일 때는 쉽게 설명할 수 있으며, $n=2(\mathrm{mod}4)$인 경우는 돈 코퍼스미스(Don Coppersmith. IBM)가 다음과 같이 설명했다. (상세한 내용은 생략) 연속성의 원리에 따라 단위원 위의 한 점을 잡고 원을 나누는 한 선이 이 섬에서 집한다고 하자. 이때, 음영이 있는 부분의 넓이는 π와 대수적인 수로 나타낼 수 있는데, 이 넓이가 $\frac{\pi}{2}$라면 π가 대수적인 수라는 뜻이 된다. 이것은 π가 초월수라는 사실에 반한다.

참고문헌

1. L.J. Upton, 《수학 매거진 Mathematics Magazine》 41호(1968)p.46, 문제 660.

2. S. Rabinowits, 《수학의 난제 Crux Mathematicorum》 15호(1989) p.120–122, 문제 1325.

세 원 문제

– R.S. 후 (R.S. Hu)

서로 만나지 않는 세 원의 내접선의 교점과 각 원의 중심을 잇는다. 이 때 만들어지는 세 직선은 한 점에서 만난다.

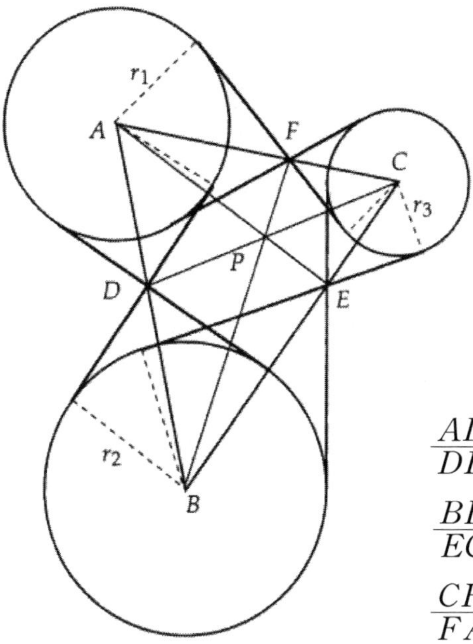

$$\frac{AD}{DB}=\frac{r_1}{r_2}$$

$$\frac{BE}{EC}=\frac{r_2}{r_3}$$

$$\frac{CF}{FA}=\frac{r_3}{r_1}$$

$$\frac{AD}{DB}\cdot\frac{BE}{EC}\cdot\frac{CF}{FA}=1 \Rightarrow AE\cap BF\cap CD=P$$

(체바의 정리에 의해)

일정한 호의 길이

두 원 Q, R의 교점을 A, B라 하자. R밖에 놓인 Q위의 한 점 P에서 A, B로 그은 연장선이 R과 만나는 점을 각각 C, D라 하자. P의 위치와 상관없이 호 CD의 길이는 일정함을 보이시오.

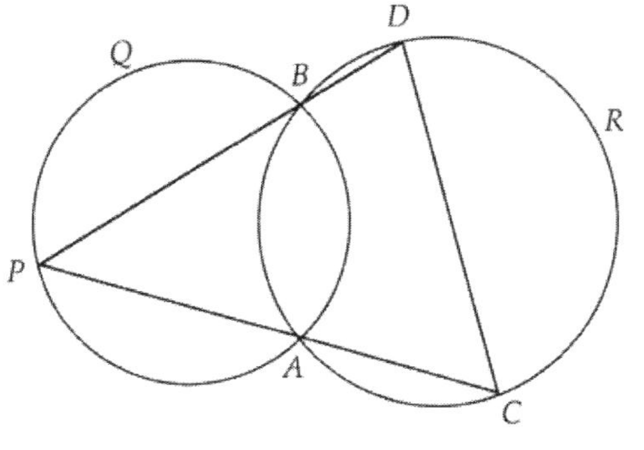

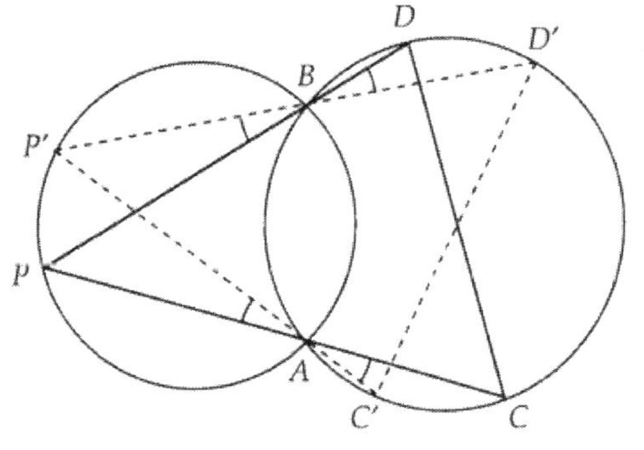

$$\angle C'AC = \angle P'AP = \angle P'BP = \angle D'BD$$

$$\overset{\frown}{C'C} = \overset{\frown}{D'D},\ \overset{\frown}{C'D} = \overset{\frown}{CD},\ C'D' = CD$$

퍼트넘의 넓이 문제

– 제59회 윌리엄 로웰 퍼트넘 수학 경시대회(1998) 문제 A2

1사분면에 있으며 원점을 중심으로 하는 단위원의 임의의 호를 s라 하고, s 아래로 x축까지의 넓이를 A, s 왼쪽으로 y축까지의 넓이를 B라 하자. $A+B$는 s의 위치에는 상관없이 s의 길이에 따라서만 변함을 보이시오.

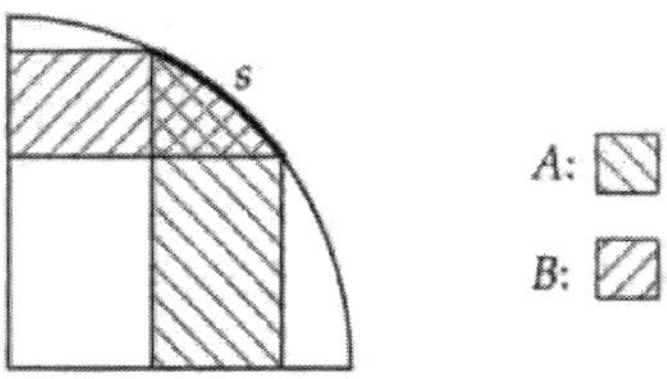

$=2\times$

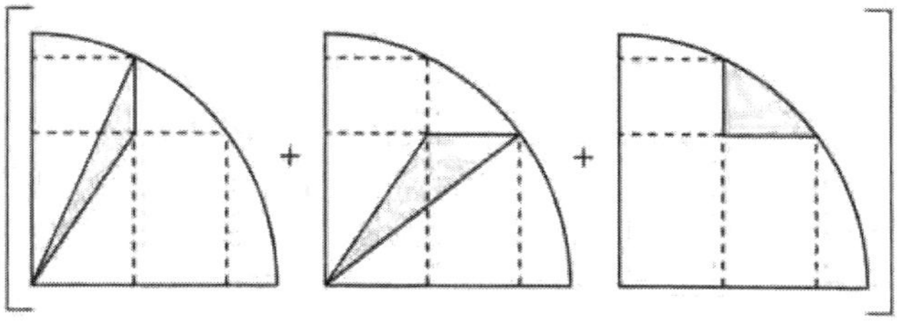

$=2\times$

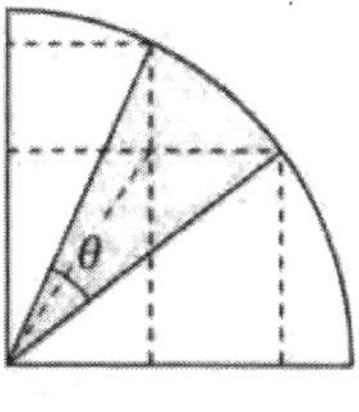

$$A+B=2\times\frac{\theta}{2}=\theta=l(s)$$

다각 호로 둘러싸인 부분의 넓이

– 필립 맬린슨 (Philip R. Mallinson)

정다각형을 직선 위에서 굴릴 때, 특정한 한 점이 그리는 다각호와 그 직선으로 둘러싸인 부분의 넓이는 정다각형의 넓이의 3배다.

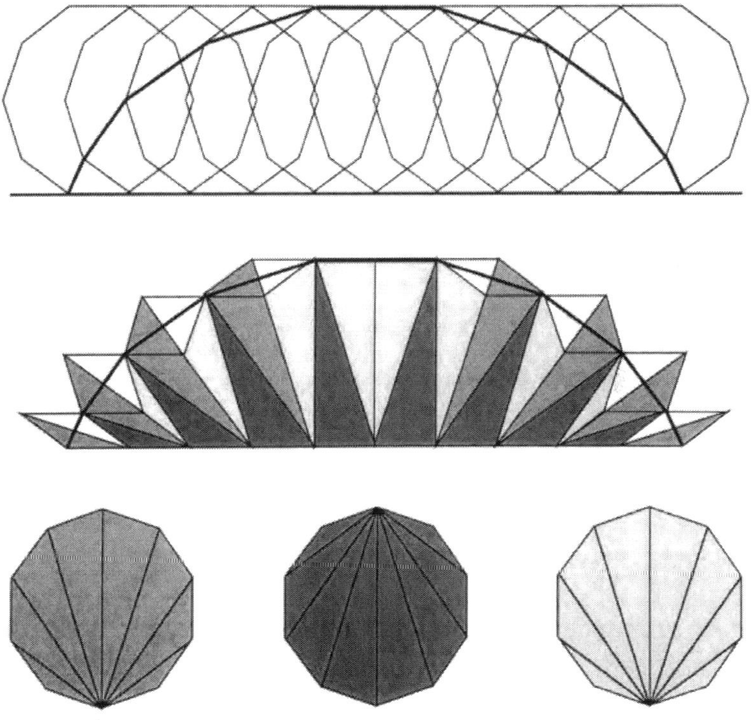

따름정리: 싸이클로이드의 한 호로 둘러싸인 부분의 넓이는 원의 넓이의 3배다.

다각 호의 길이

– 필립 맬린슨 (Philip R. Mallinson)

정다각형을 직선 위에서 굴릴 때, 특정한 한 점이 그리는 다각호의 길이는 다각형의 내접원의 반지름과 외접원의 반지름의 합의 4배다.

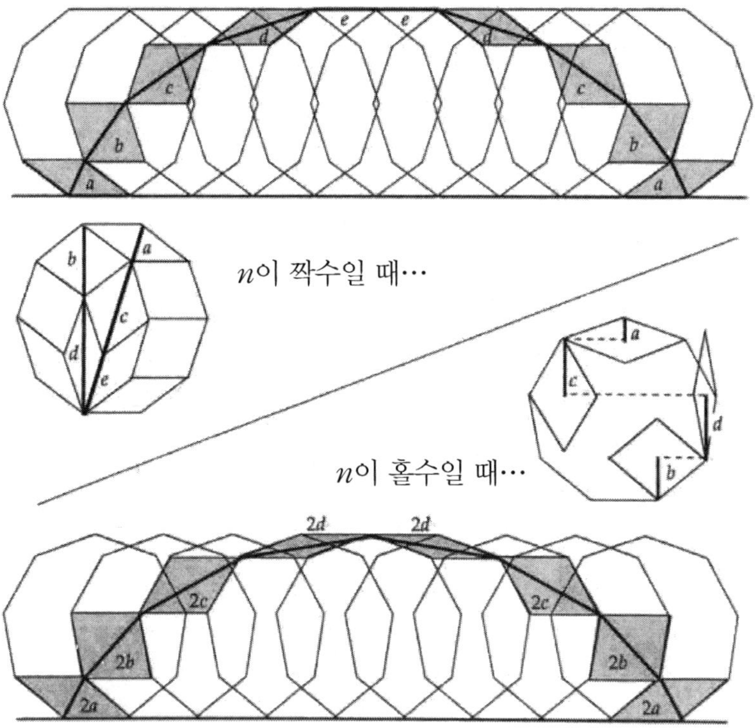

따름정리: 싸이클로이드의 한 호의 길이는 원의 반지름의 8배다.

정사각뿔대의 부피

– 시드니 쿵 (Sidney J. Kung)

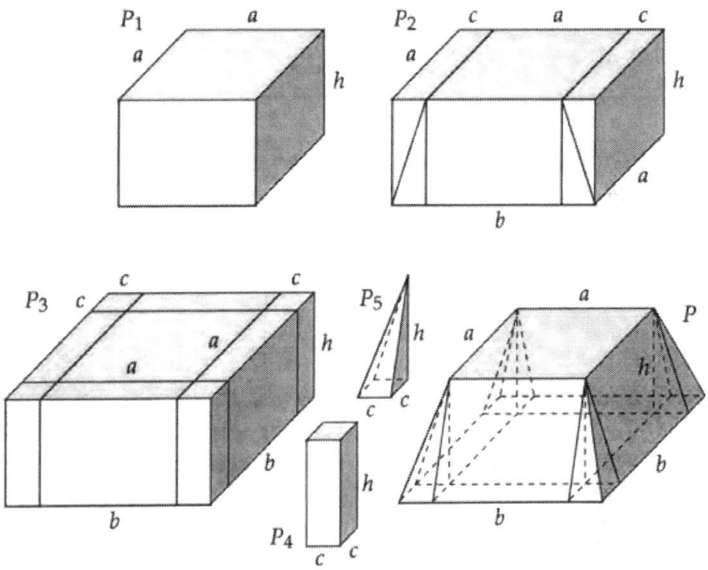

$$P_4 = 3P_5$$

$$P_1 + P_3 = 2P_2 + 4P_4 \Rightarrow P_1 + P_2 + P_3 = 3P_2 + 12P_5 = 3(P_2 + 4P_5) = 3P$$

$$\therefore V = \frac{h}{3}(a^2 + ab + b^2)$$

등차수열의 연속하는 네 항(양수)의 곱은 항상 두 수의 제곱의 차가 된다

– 로저 넬센 (Roger B. Nelsen)

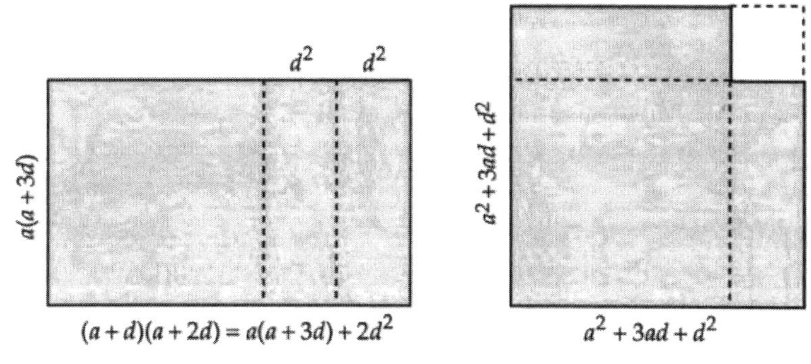

$$a(a+d)(a+2d)(a+3d)=(a^2+3ad+d^2)^2-(d^2)^2$$

대수적인 넓이 Ⅲ: 제곱의 합을 인수분해하기

$$x^2+y^2=(x+\sqrt{2xy}+y)(x-\sqrt{2xy}+y)$$

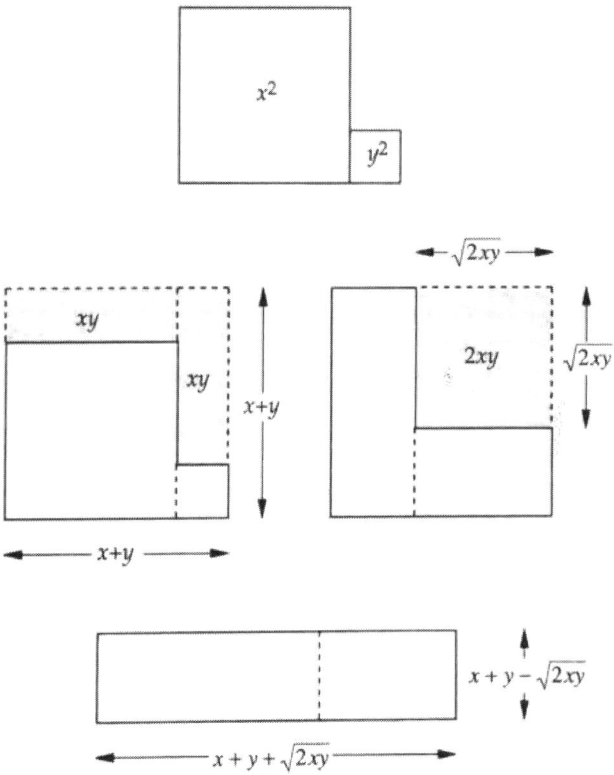

삼각함수, 미적분, 해석기하

Trigonometry, Calculus & Analytic Geometry

사인의 덧셈정리 Ⅱ

– 크리스토퍼 브루에닝센 (Christopher Brueningsen)

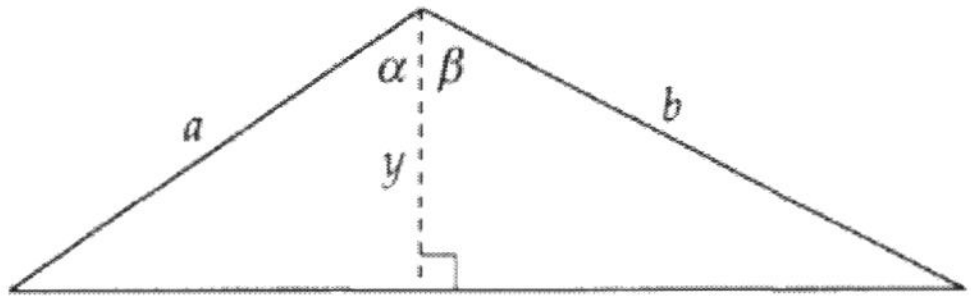

$$\alpha,\ \beta \in (0,\ \pi/2) \Rightarrow y = a\cos\alpha = b\cos\beta$$

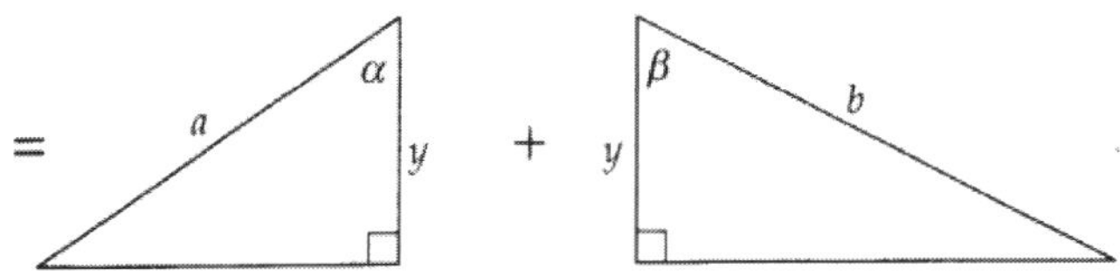

$$\frac{1}{2}ab\sin(\alpha+\beta) = \frac{1}{2}ay\sin\alpha + \frac{1}{2}by\sin\beta$$

$$= \frac{1}{2}ab\cos\beta\sin\alpha + \frac{1}{2}ba\cos\alpha\sin\beta$$

$$\therefore\ \sin(\alpha+\beta) = \sin\alpha\cos\beta + \cos\alpha\sin\beta$$

사인의 덧셈정리Ⅲ

– 폴케 프리베 (Volker Priebe)와 에드가 라모스 (Edgar A Ramos)

$$\sin(\alpha+\beta)=\sin\alpha\cos\beta+\sin\beta\cos\alpha$$

Ⅰ.

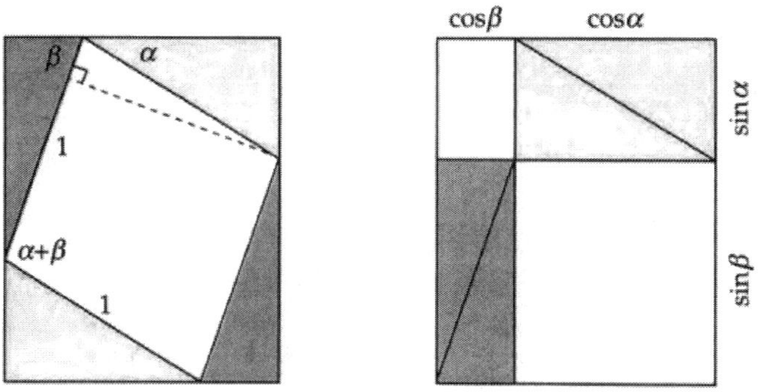

Ⅱ.

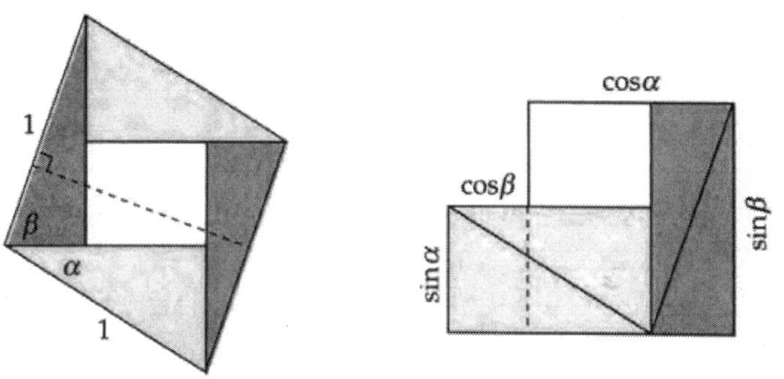

코사인의 덧셈정리

– 시드니 쿵 (Sidney H. Kung)

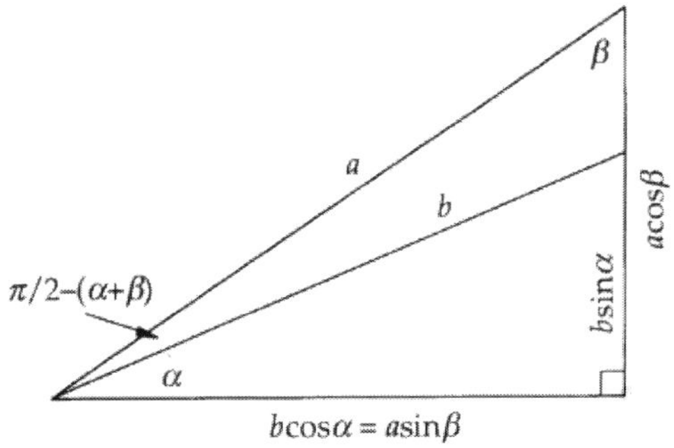

$$\frac{1}{2}ab\sin\left[\frac{\pi}{2}-(\alpha+\beta)\right]=\frac{1}{2}b\cos\alpha\cdot a\cos\beta-\frac{1}{2}a\sin\beta\cdot b\sin\alpha$$

$$\therefore\ \cos(\alpha+\beta)=\cos\alpha\cos\beta-\sin\alpha\sin\beta$$

삼각함수의 덧셈정리

– 레너드 스마일리 (Leonard M. Smiley)

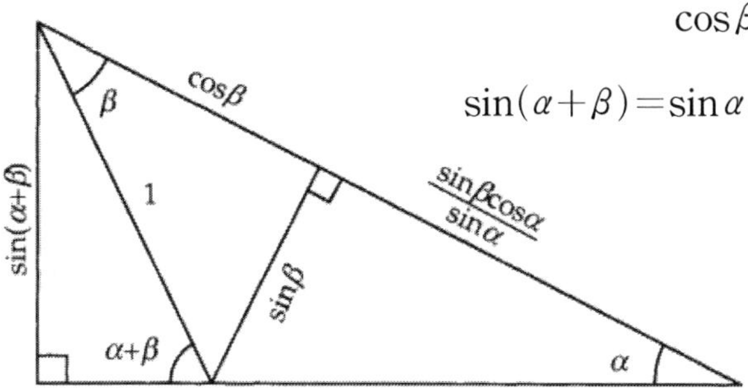

$$\sin\alpha = \frac{\sin(\alpha+\beta)}{\cos\beta + \dfrac{\sin\beta\cos\alpha}{\sin\alpha}}$$

$$\sin(\alpha+\beta) = \sin\alpha\cos\beta + \cos\alpha\sin\beta$$

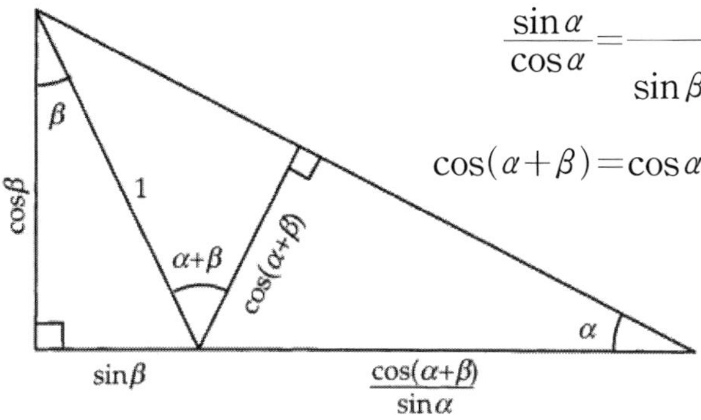

$$\frac{\sin\alpha}{\cos\alpha} = \frac{\cos\beta}{\sin\beta + \dfrac{\cos(\alpha+\beta)}{\sin\alpha}}$$

$$\cos(\alpha+\beta) = \cos\alpha\cos\beta - \sin\alpha\sin\beta$$

삼각함수의 뺄셈정리

– 레너드 스마일리 (Leonard M. Smiley)

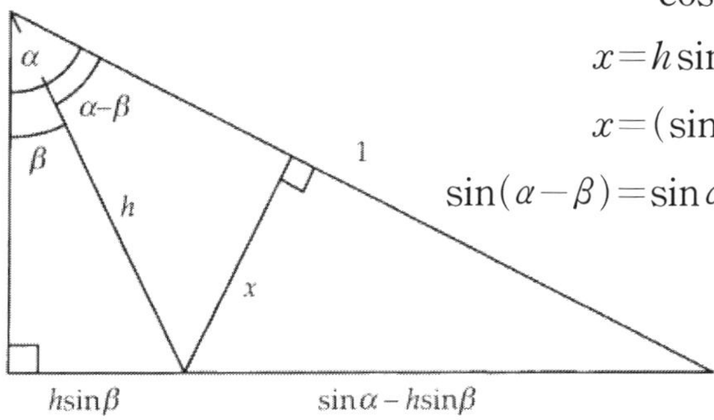

$$h=\frac{\sin\alpha}{\cos\beta}$$

$$x=h\sin(\alpha-\beta)$$

$$x=(\sin\alpha-h\sin\beta)\cos\alpha$$

$$\sin(\alpha-\beta)=\sin\alpha\cos\beta-\cos\alpha\sin\beta$$

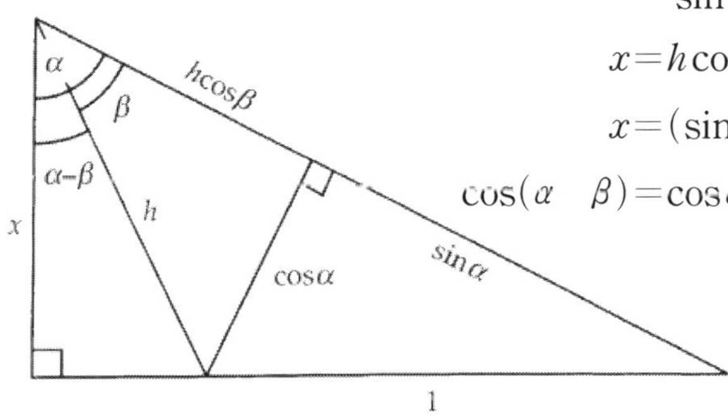

$$h=\frac{\cos\alpha}{\sin\beta}$$

$$x=h\cos(\alpha-\beta)$$

$$x=(\sin\alpha-h\cos\beta)\cos\alpha$$

$$\cos(\alpha-\beta)=\cos\alpha\cos\beta+\sin\alpha\sin\beta$$

탄젠트의 뺄셈정리 I

– 구안센 렌 (Guanshen Ren)

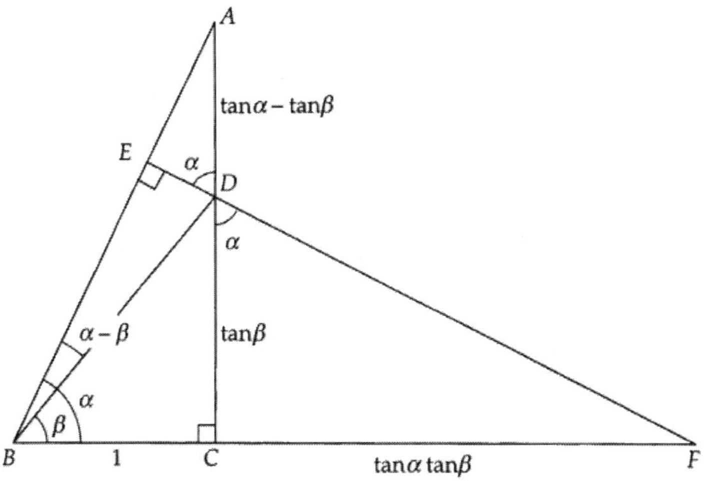

$$\frac{BF}{BE}=\frac{AD}{DE},$$

$$\therefore\ \tan(\alpha-\beta)=\frac{DE}{BE}=\frac{AD}{BF}=\frac{\tan\alpha-\tan\beta}{1+\tan\alpha\tan\beta}.$$

탄젠트의 뺄셈정리 II

– 후쿠조 스즈키 (Fukuzo Suzuki)

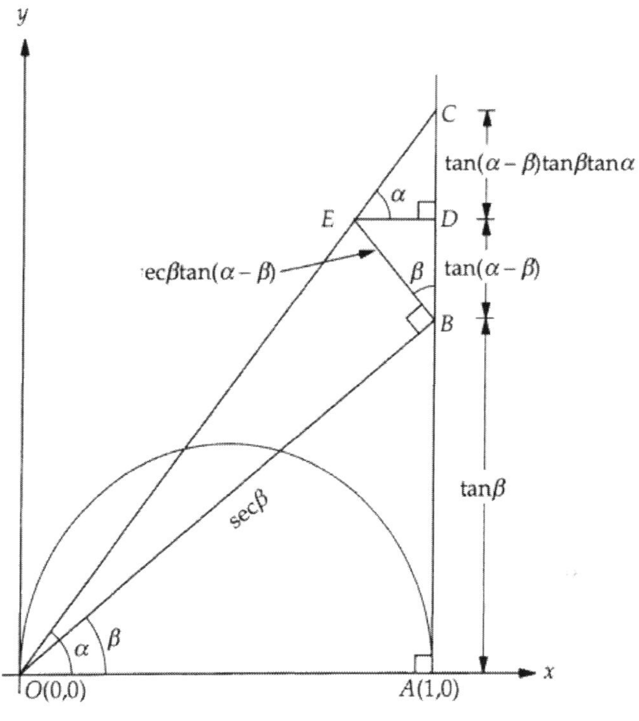

$$AC - AB = BD + DC$$

$$\therefore \tan\alpha - \tan\beta = \tan(\alpha - \beta) + \tan\alpha\tan\beta\tan(\alpha - \beta)$$

$$\tan(\alpha - \beta) = \frac{\tan\alpha - \tan\beta}{1 + \tan\alpha\tan\beta}$$

여섯 개의 공식을 한 그림에

– 로저 넬센 (Roger B. Nelsen)

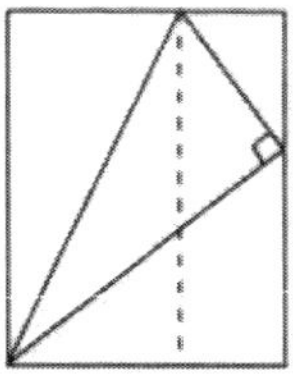

그림

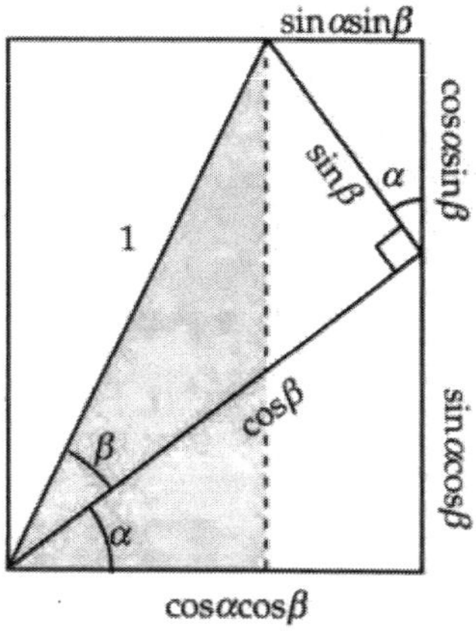

$$\sin(\alpha+\beta)=\sin\alpha\cos\beta+\cos\alpha\sin\beta$$

$$\cos(\alpha+\beta)=\cos\alpha\cos\beta-\sin\alpha\sin\beta$$

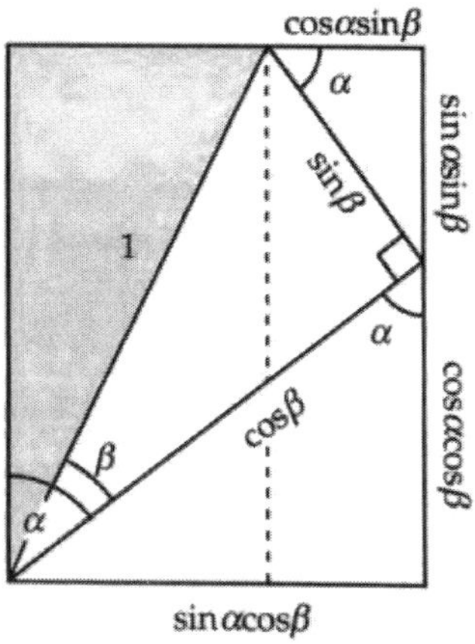

$$\sin(\alpha-\beta)=\sin\alpha\cos\beta-\cos\alpha\sin\beta$$

$$\cos(\alpha-\beta)=\cos\alpha\cos\beta+\sin\alpha\sin\beta$$

$$\tan(\alpha+\beta)=\frac{\tan\alpha-\tan\beta}{1-\tan\alpha\tan\beta}$$

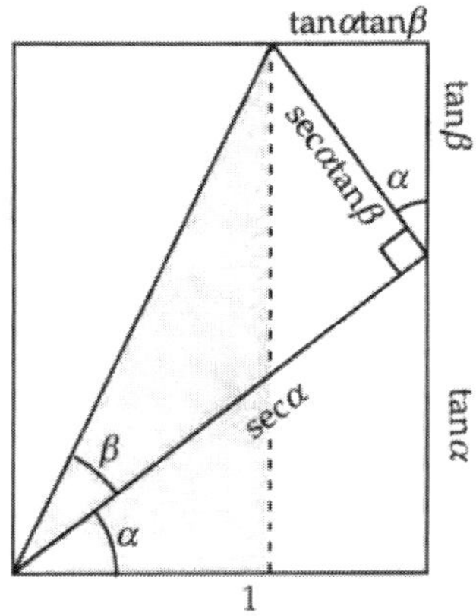

$$\tan(\alpha-\beta)=\frac{\tan\alpha-\tan\beta}{1+\tan\alpha\tan\beta}$$

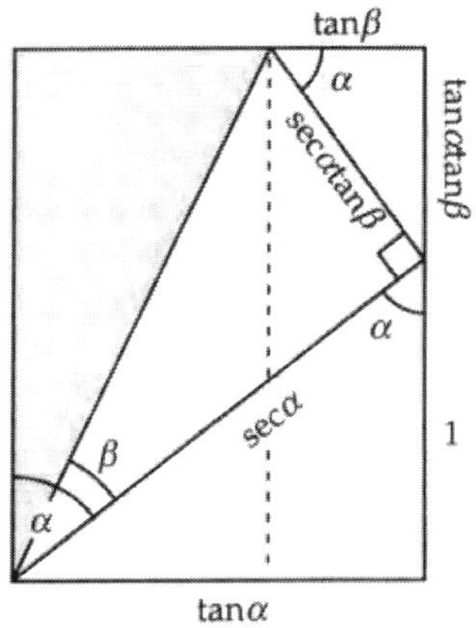

배각 공식 II

– 이난 데이비드 가우 (Yihnan David Gau)

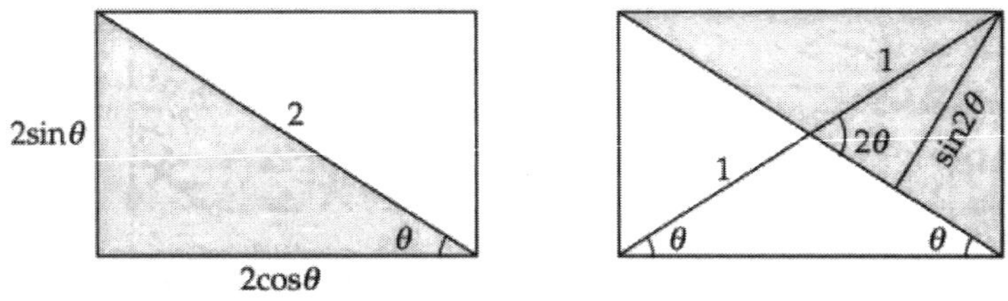

$$2\sin\theta\cos\theta = \sin 2\theta$$

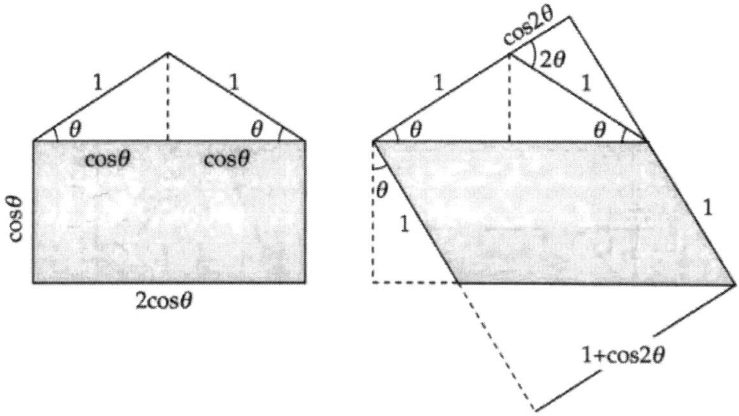

$$2\cos^2\theta = 1 + \cos 2\theta$$

배각 공식Ⅲ (사인법칙과 코사인 법칙을 이용한)

– 시드니 쿵 (Sidney H. Kung)

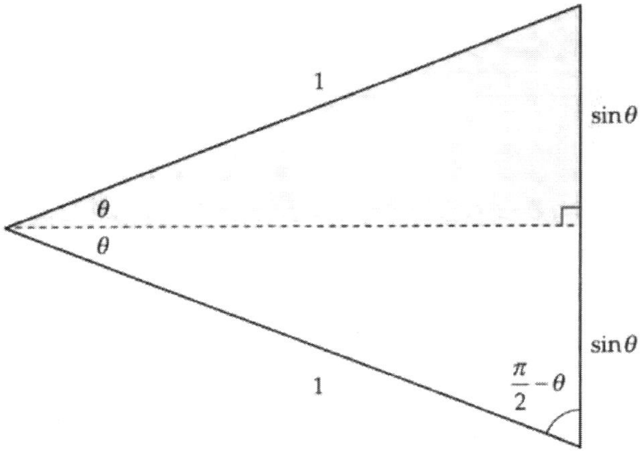

$$\frac{\sin 2\theta}{2\sin\theta} = \frac{\sin(\pi/2-\theta)}{1} = \cos\theta$$

$$\sin 2\theta = 2\sin\theta\cos\theta$$

$$(2\sin\theta)^2 = 1^2 + 1^2 - 2\cdot 1\cdot 1\cdot\cos 2\theta$$

$$\cos 2\theta = 1 - 2\sin^2\theta$$

합을 곱으로 I

– 시드니 쿵 (Sidney H. Kung)

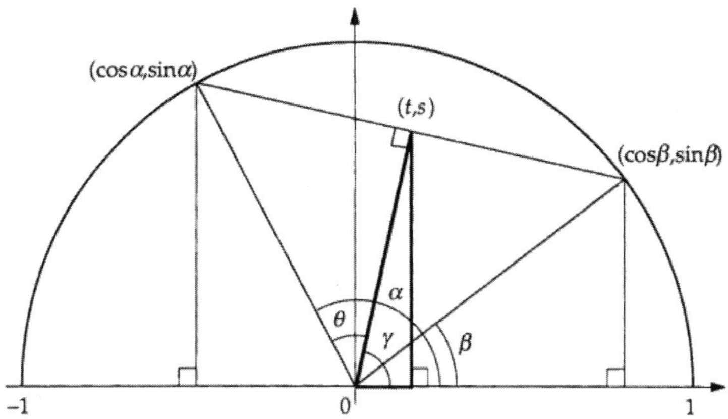

$$\theta=\frac{\alpha-\beta}{2},\ \gamma=\frac{\alpha+\beta}{2}$$

$$\frac{\sin\alpha+\sin\beta}{2}=s=\cos\frac{\alpha-\beta}{2}\sin\frac{\alpha+\beta}{2}$$

$$\frac{\cos\alpha+\cos\beta}{2}=t=\cos\frac{\alpha-\beta}{2}\sin\frac{\alpha+\beta}{2}$$

합을 곱으로 II

– 유키오 고바야시 (Yukio Kobayashi)

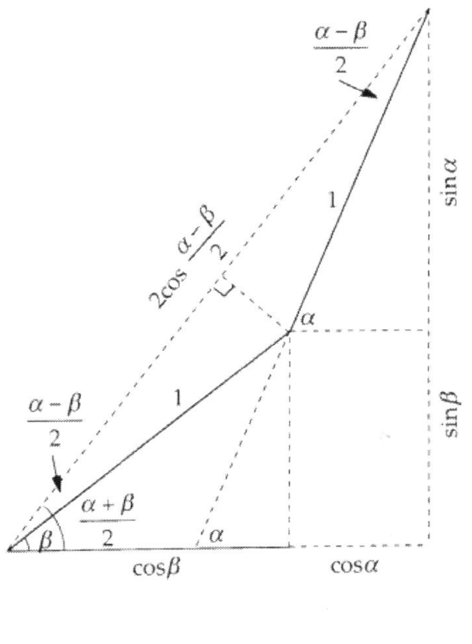

$$\cos\alpha+\cos\beta=2\cos\frac{\alpha-\beta}{2}\cos\frac{\alpha+\beta}{2}$$

$$\sin\alpha+\sin\beta=2\cos\frac{\alpha-\beta}{2}\sin\frac{\alpha+\beta}{2}$$

차를 곱으로 I

– 시드니 쿵 (Sidney H. Kung)

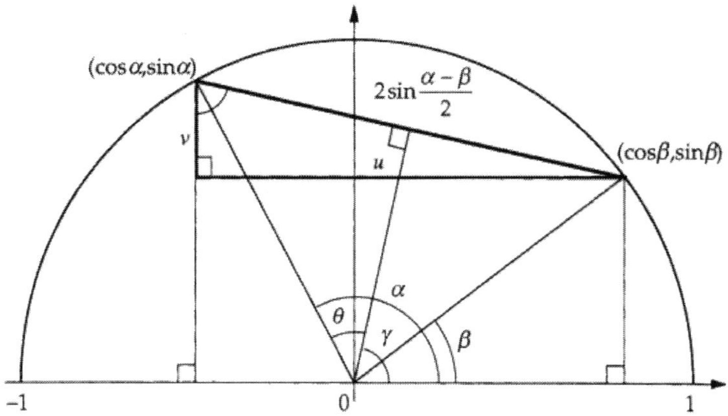

$$\theta=\frac{\alpha-\beta}{2},\ \gamma=\frac{\alpha+\beta}{2}$$

$$\sin\alpha-\sin\beta=v=2\sin\frac{\alpha-\beta}{2}\cos\frac{\alpha+\beta}{2}$$

$$\cos\beta-\cos\alpha=u=2\sin\frac{\alpha-\beta}{2}\sin\frac{\alpha+\beta}{2}$$

차를 곱으로 II

– 유키오 고바야시 (Yukio Kobayashi)

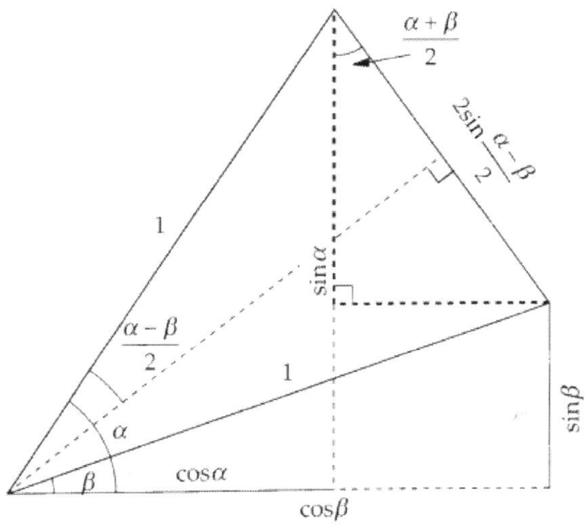

$$\cos\beta - \cos\alpha = 2\sin\frac{\alpha-\beta}{2}\sin\frac{\alpha+\beta}{2}$$

$$\sin\alpha - \sin\beta = 2\sin\frac{\alpha-\beta}{2}\cos\frac{\alpha+\beta}{2}$$

삼각함수의 합성

– 릭 매브리 (Rick Mabry)와 폴 다이어맨 (Paul Deiermann)

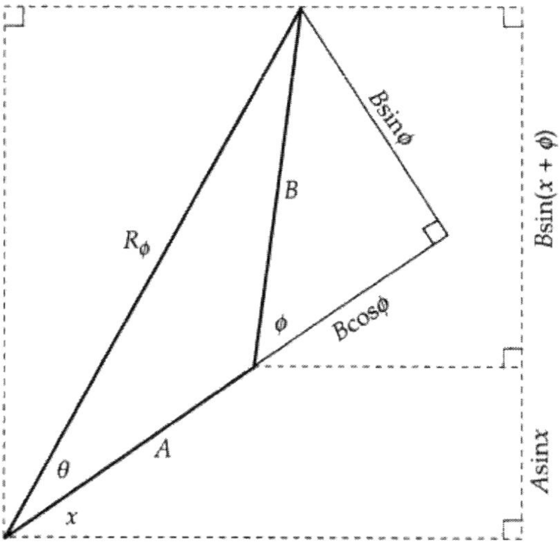

$$R_\phi=\sqrt{A^2+B^2+2AB\cos\phi},\ \tan\theta=\frac{B\sin\phi}{A+B\cos\phi}$$

$$A\sin x+B\sin(x+\phi)=R_\phi\sin(x+\theta)$$

$$\phi=\frac{\pi}{2}\Rightarrow\tan\theta=\frac{B}{A}$$

$$\therefore\ A\sin x+B\cos x=\sqrt{A^2+B^2}\sin(x+\theta)$$

극형식을 이용한 사인법칙과 코사인 법칙

– 윌리엄 그라운즈 (William V. Grounds)

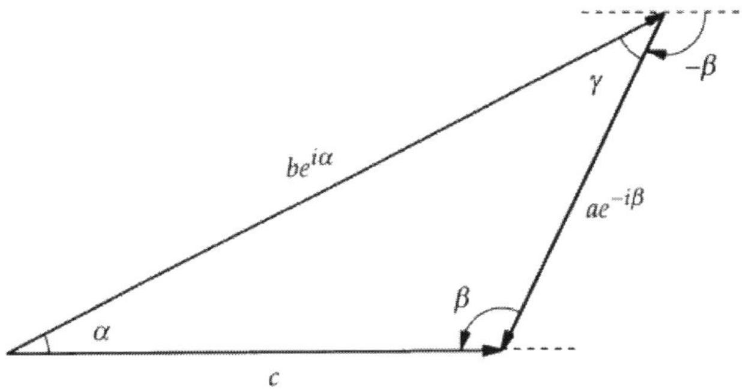

$$c = be^{i\alpha} + ae^{-i\beta} = (b\cos\alpha + a\cos\beta) + i(b\sin\alpha - a\sin\beta)$$

$$c \text{ real} \Rightarrow b\sin\alpha - a\sin\beta = 0 \Rightarrow \frac{a}{\sin\alpha} = \frac{b}{\sin\beta}$$

$$\begin{aligned} c^2 = |c|^2 &= (b\cos\alpha + a\cos\beta)^2 + (b\sin\alpha - a\sin\beta)^2 \\ &= a^2 + b^2 + 2ab\cos(\alpha+\beta) \\ &= a^2 + b^2 - 2ab\cos\gamma \end{aligned}$$

아이젠슈타인 배각 공식

– G. 아이젠슈타인 (G. Eisenstein) 《수학 작업 Mathematische Werke》, 첼시 출판사, 뉴욕 1975, p.411
– 린 탄 (Lin Tan)

$$2\csc 2\theta = \tan\theta + \cot\theta$$

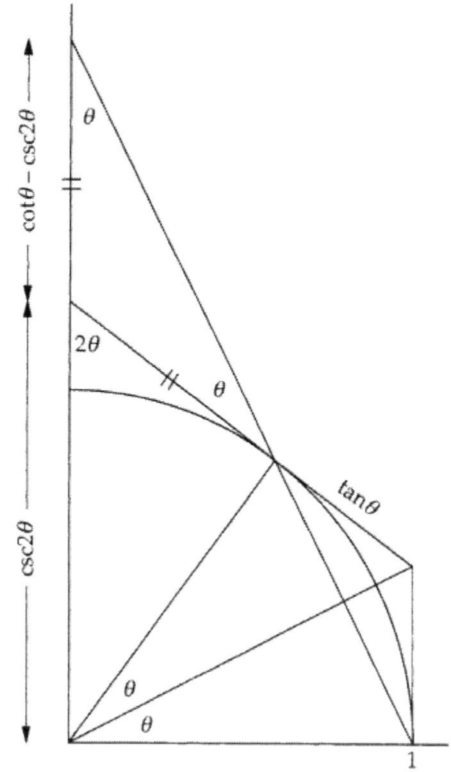

잘 알려진 극한값으로 정의한 e

$$\lim_{n \to \infty}\left(1+\frac{1}{n}\right)^{n}=e$$

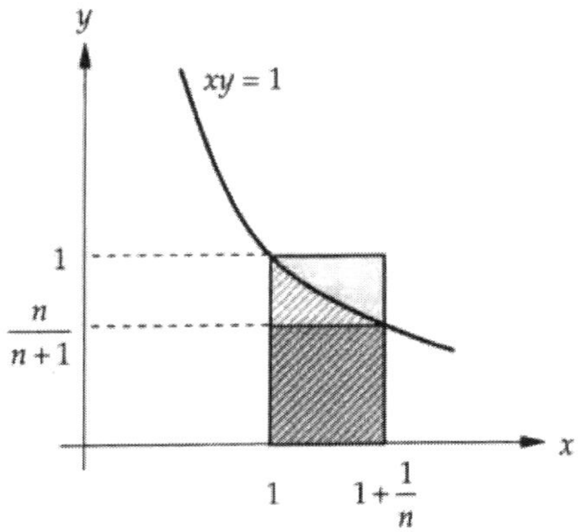

$$\frac{1}{n}\cdot\frac{n}{n+1} \leq \ln\left(1+\frac{1}{n}\right) \leq \frac{1}{n}\cdot 1$$

$$\frac{n}{n+1} \leq n\cdot\ln\left(1+\frac{1}{n}\right) \leq 1$$

$$\therefore\ \lim_{n \to \infty}\ln\left(1+\frac{1}{n}\right)^{n}=1$$

일반적인 극한값

– 앨런 스타인 (Alan H. Stein)과 데니스 맥개브런 (Dennis McGavran)

$$\lim_{x \to \infty} \frac{x}{e^x} = 0$$

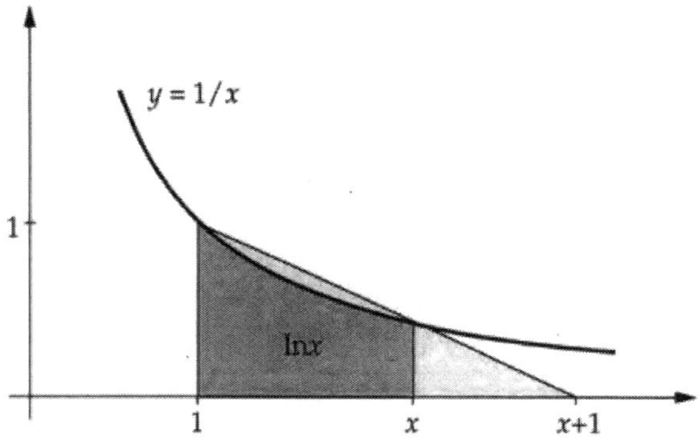

$$\ln x < \frac{1}{2}x$$

$$\therefore \lim_{x \to \infty} \frac{x}{e^x} = \lim_{x \to \infty} \frac{1}{e^{x - \ln x}} = 0$$

그래프로 계산한 극한값

– 구안센 렌 (Guanshen Ren)

$$\sqrt{2+\sqrt{2+\sqrt{2+\sqrt{\cdots}}}}=2$$

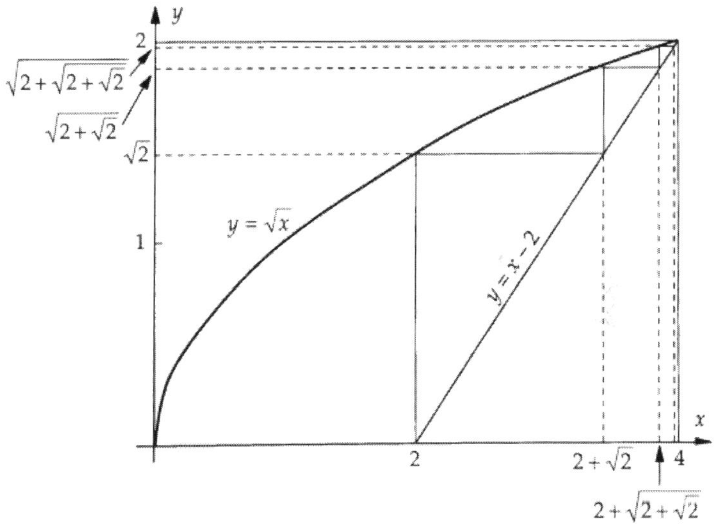

역사인함수의 미분

– 크레이그 존슨 (Craig Johnson)

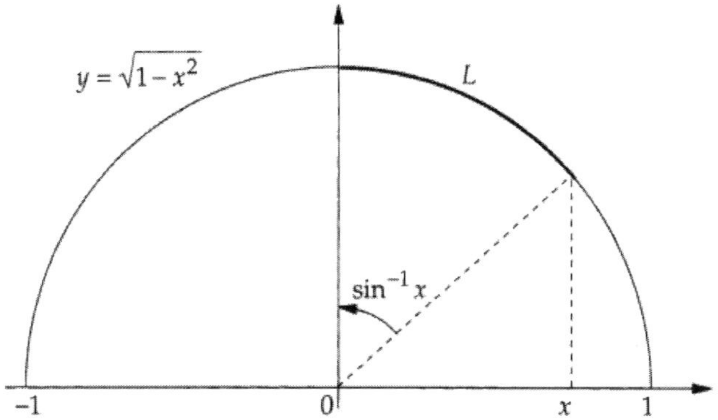

$$L=\sin^{-1}x=\int_0^x \frac{1}{\sqrt{1-t^2}}dt$$

$$\therefore \frac{d}{dx}\sin^{-1}x=\frac{1}{\sqrt{1-x^2}}$$

곱의 로그값

– 제프리 엘리 (Jefferey Ely)

$$\ln ab = \ln a + \ln b$$

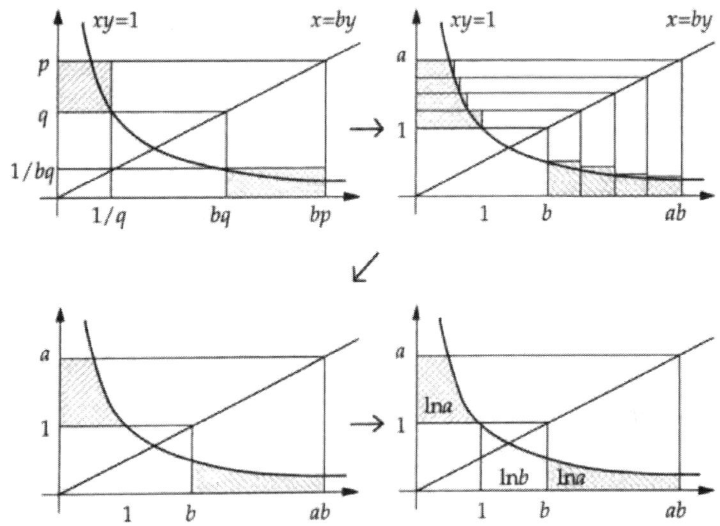

Area( ) = Area( )

지수가 역수인 두 수의 합의 적분

– 피터 뉴버리 (Peter R. Newbury)

$$\int_0^1 (t^{p/q} + t^{q/p})dt = 1$$

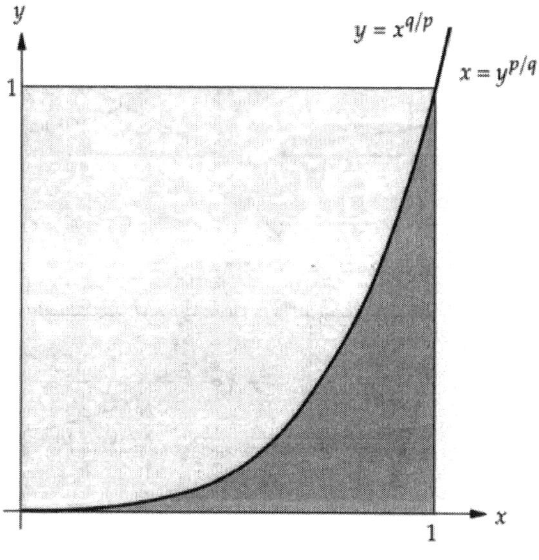

적분으로 정의한 역탄젠트함수

– 오게 본데센 (Aage Bondesen)

$$\arctan x = \int_0^x \frac{1}{1+t^2}\,dt$$

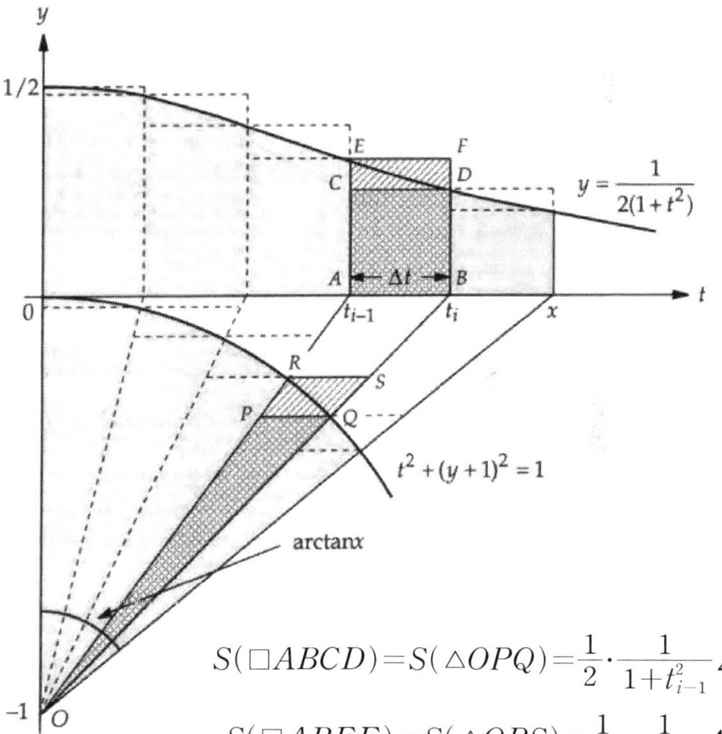

$$S(\square ABCD) = S(\triangle OPQ) = \frac{1}{2}\cdot\frac{1}{1+t_{i-1}^2}\Delta t$$

$$S(\square ABEF) = S(\triangle ORS) = \frac{1}{2}\cdot\frac{1}{1+t_i^2}\Delta t$$

$$\therefore \frac{1}{2}\arctan x = \int_0^x \frac{1}{2(1+t^2)}\,dt$$

최후의 방법 (바이어슈트라스의 치환)

– 폴 다이어맨 (Paul Deiermann)

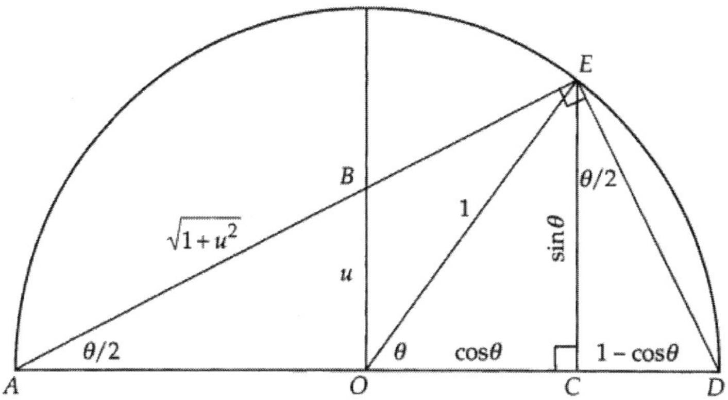

$$u=\tan\frac{\theta}{2},\ \overline{DE}=2\sin\frac{\theta}{2}=\frac{2u}{\sqrt{1+u^2}}$$

$$\frac{\overline{CE}}{\overline{DE}}=\frac{\overline{OA}}{\overline{BA}} \Rightarrow \cos\theta=\frac{2u}{1+u^2}$$

$$\frac{\overline{CD}}{\overline{DE}}=\frac{\overline{OB}}{\overline{BA}} \Rightarrow \cos\theta=\frac{1-u^2}{1+u^2}$$

(증가함수에서) 사다리꼴 구적법

– 제주스 우리아스 (Jesus Urias)

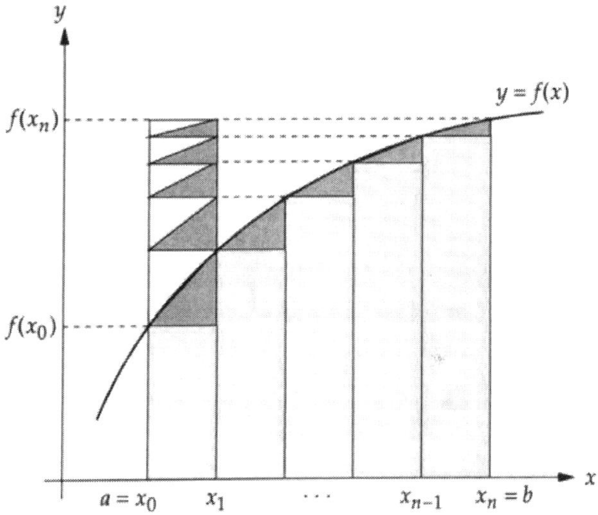

$$\int_a^b f(x)dx = \sum_{i=0}^{n-1} f(x_i)\frac{b-a}{n} + \frac{1}{2}[f(x_n) - f(x_0)]\frac{b-a}{n}$$

쌍곡선 작도하기

– 어니스트 에커트 (Ernest J. Eckert)

Ⅰ.

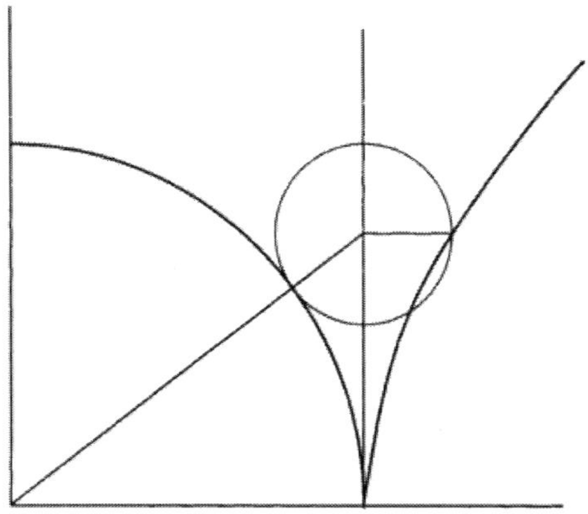

Ⅱ.

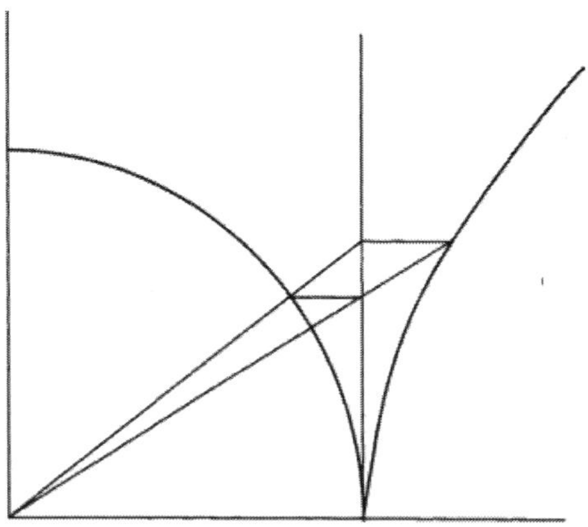

타원의 초점과 준선

– 미셸 바타유 (Michel Bataille)

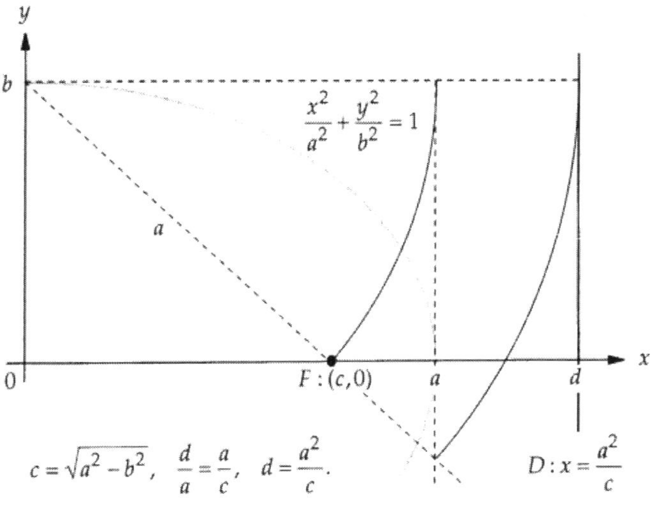

부등식

Inequalities

산술 – 기하평균 부등식Ⅳ

– 아유브 아유브 (Ayoub B. Ayoub)

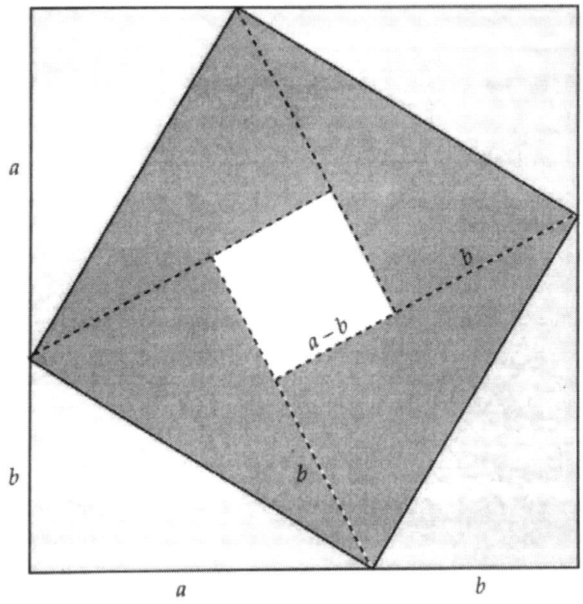

$$(a+b)^2 \geq 4ab \Rightarrow \frac{a+b}{2} \geq \sqrt{ab}$$

산술-기하평균 부등식 V

- 시드니 쿵 (Sidney H. Kung)

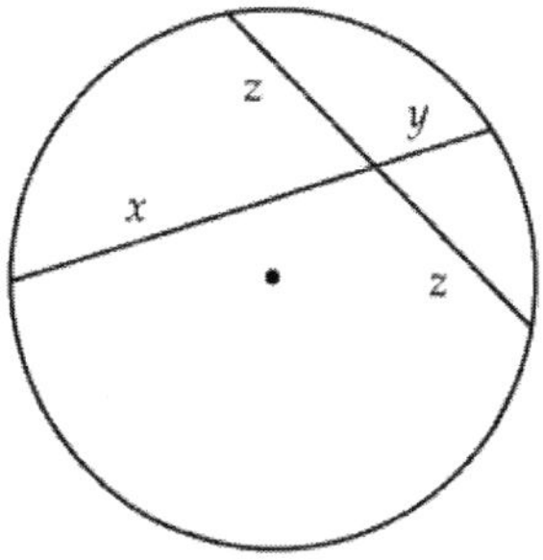

$$x^2 = xy$$

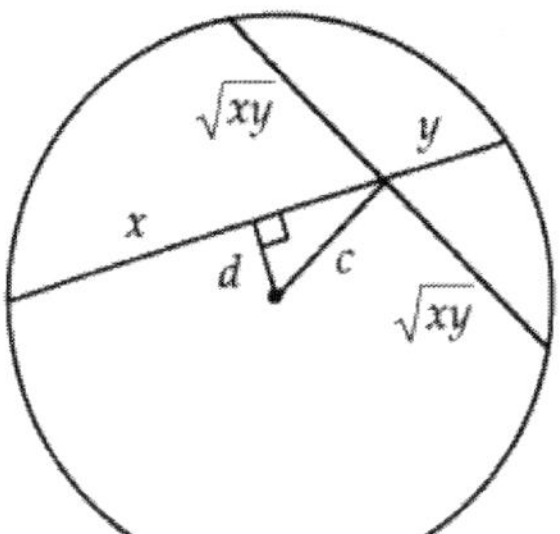

$$d < c \Rightarrow x + y > 2\sqrt{xy}$$

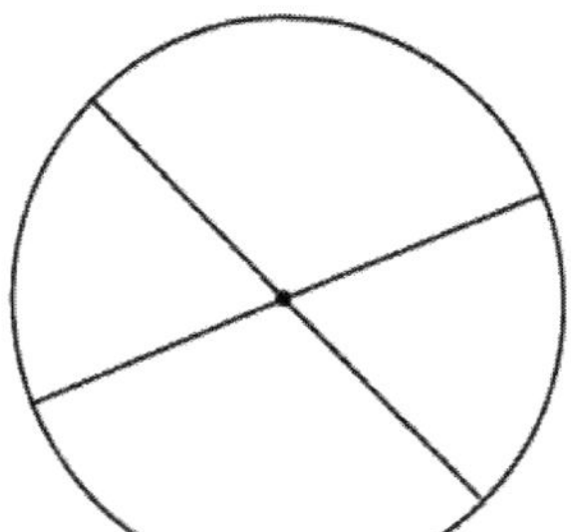

$$d < c = 0 \Rightarrow x + y > 2\sqrt{xy}$$

산술-기하평균 부등식Ⅵ

– 미하엘 브로진스키 (Michael K. Brozinsky)

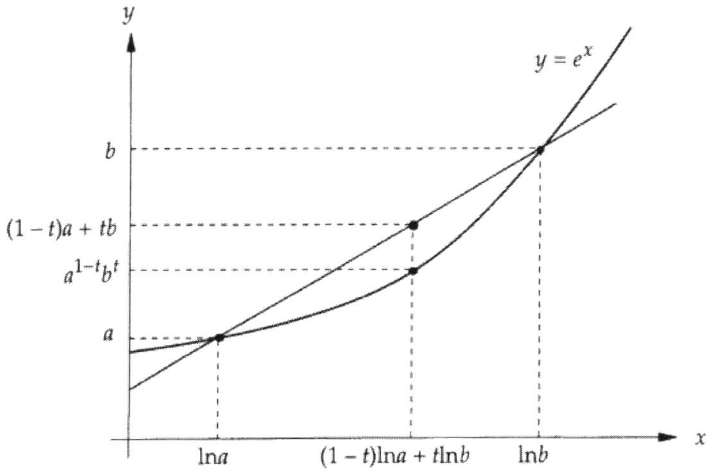

$$0<a<b,\ 0<t<1 \Rightarrow (1-t)a+tb>a^{1-t}b^{t}$$

$$t=\frac{1}{2} \Rightarrow \frac{a+b}{2}>\sqrt{ab}$$

세 양수에 대한 산술-기하평균 부등식

– 클라우디 알시나 (Claudi Alsina)

보조정리: $ab+bc+ac \leq a^2+b^2+c^2$

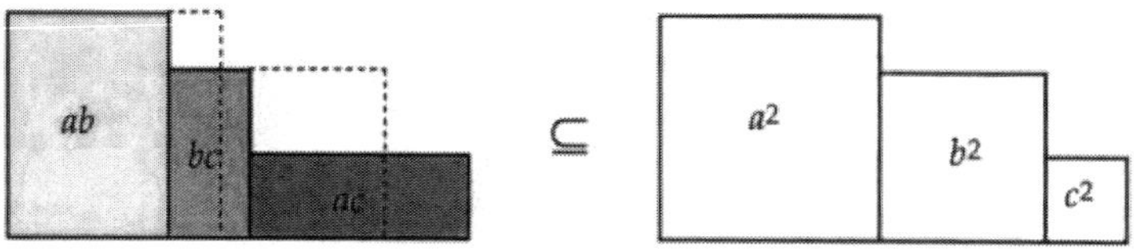

정리: $3abc \leq a^3+b^3+c^3$

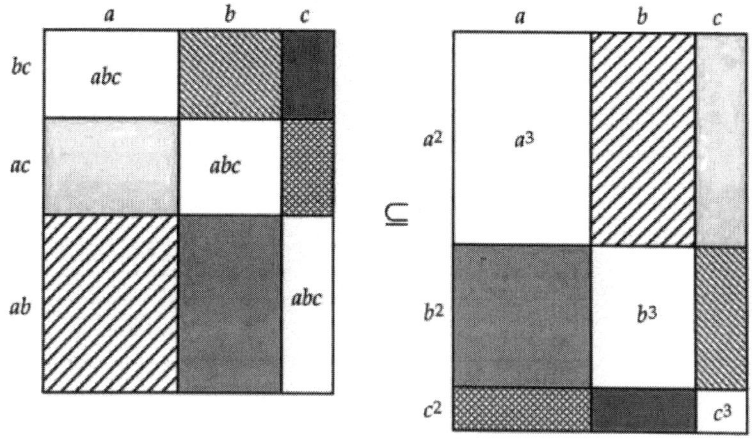

산술 – 기하 – 조화평균 부등식

– 파푸스 (Pappus of Alexandria, 약 320년경)

$$a,\ b>0 \Rightarrow \frac{a+b}{2} \geq \sqrt{ab} \geq \frac{2ab}{a+b}$$

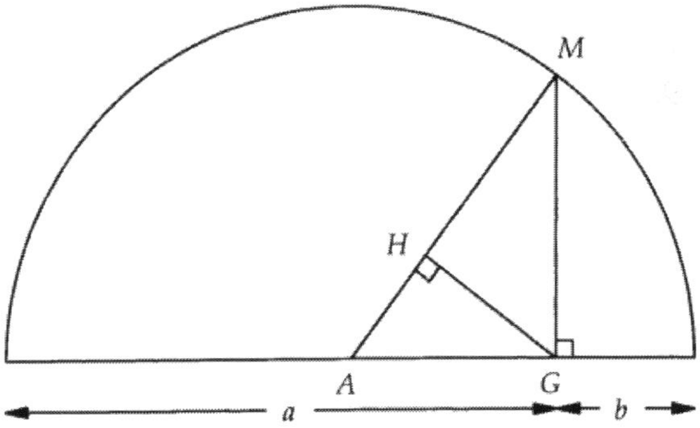

$$\overline{AM}=\frac{a+b}{2},\ \overline{GM}=\sqrt{ab},\ \overline{HM}=\frac{2ab}{a+b},$$
$$\overline{AM} \geq \overline{GM} \geq \overline{HM}.$$

산술 – 로그 – 기하평균 부등식

– 로저 넬센 (Roger B. Nelsen)

$$b > a > 0 \Rightarrow \frac{a+b}{2} > \frac{b-a}{\ln b - \ln a} > \sqrt{ab}$$

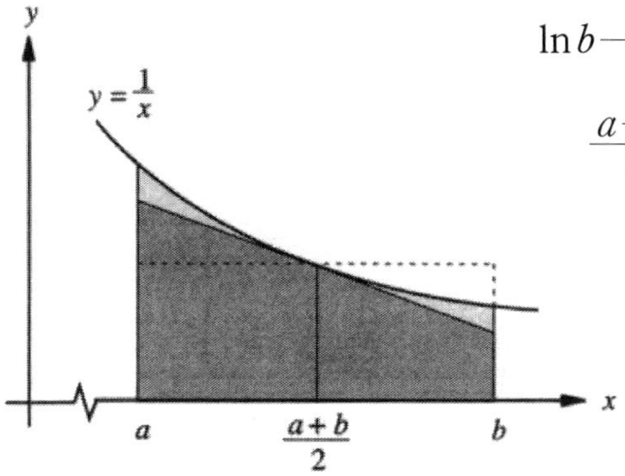

$$\ln b - \ln a > \frac{2}{a+b}(b-a)$$

$$\frac{a+b}{2} > \frac{b-a}{\ln b - \ln a}$$

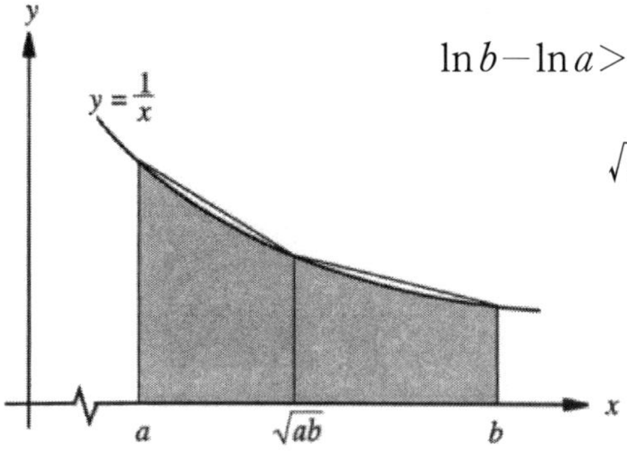

$$\ln b - \ln a > \frac{ab-a}{2a\sqrt{ab}} + \frac{a-ab}{2b\sqrt{ab}} = \frac{ab-a}{\sqrt{ab}}$$

$$\sqrt{ab} > \frac{b-a}{\ln b - \ln a}$$

제곱평균은 평균의 제곱보다 크다

– 로저 넬센 (Roger B. Nelsen)

$$\frac{1}{n}\sum_{i=1}^{n}x_i^2 \geq \left(\frac{1}{n}\sum_{i=1}^{n}x_i\right)^2$$

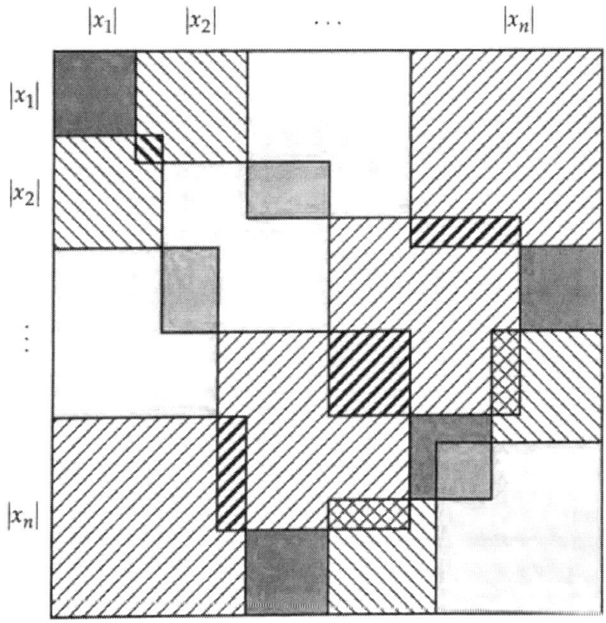

$$n(x_1^2+x_2^2+\cdots+x_n^2) \geq (|x_1|+|x_2|+\cdots+|x_n|)^2 \geq (x_1+x_2+\cdots+x_n)^2$$

$$\therefore \frac{x_1^2+x_2^2+\cdots+x_n^2}{n} \geq \left(\frac{x_1+x_2+\cdots+x_n}{n}\right)^2$$

증가하는 양의 수열에 대한 체비셰프 부등식

– 로저 넬센 (Roger B. Nelsen)

$$\sum_{i=1}^{n} x_i \sum_{i=1}^{n} y_i \le n \sum_{i=1}^{n} x_i y_i$$

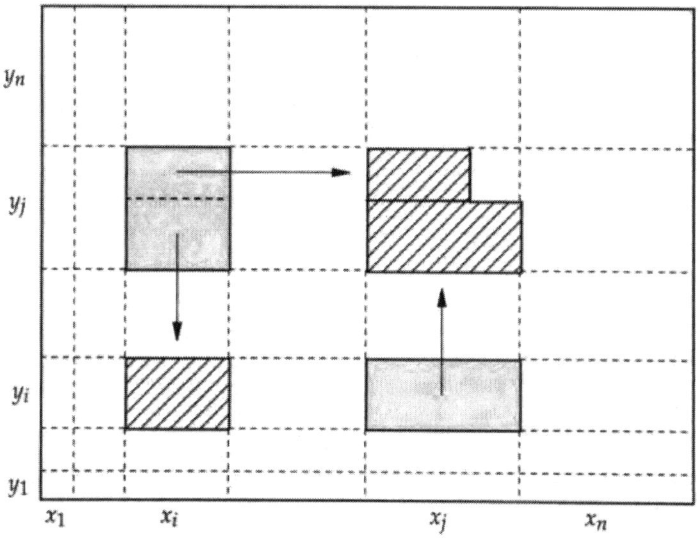

$$x_i < x_j \ \&\ y_i < y_j \Rightarrow x_i y_j + x_j y_i \le x_i y_i + x_j y_j$$

$$\therefore (x_1 + x_2 + \cdots + x_n)(y_1 + y_2 + \cdots + y_n) \le n(x_1 y_1 + x_2 y_2 + \cdots + x_n y_n)$$

조르당 부등식

– 펑 위에펑 (Feng Yuefeng)

$$0 \leq x \leq \frac{\pi}{2} \Rightarrow \frac{2x}{\pi} \leq \sin x \leq x$$

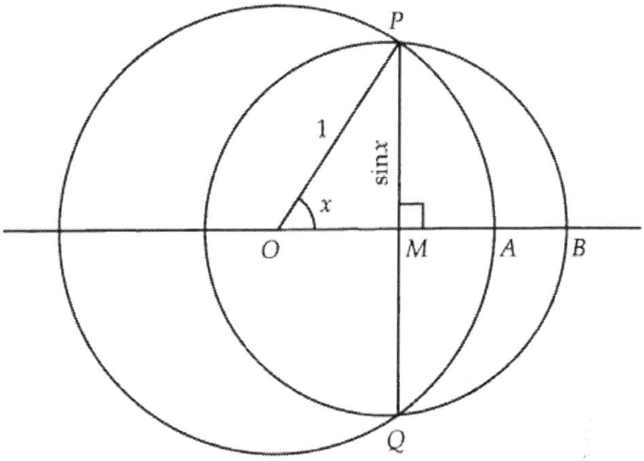

$$OB = OM + MP \geq OA \Rightarrow \widehat{PBQ} \geq \widehat{PAQ} \geq \overline{PQ}$$

$$\Rightarrow \pi \sin x \geq 2x \geq 2 \sin x$$

$$\Rightarrow \frac{2x}{\pi} \leq \sin x \leq x$$

영의 부등식

– W. H. 영(W. H. Young) "On classes of summable functions and their Fourier series", 《왕립학회 논문집 Proc. Royal Soc.》 (A), 87 (1912) 225–229

정리: 원점에서 시작하여 연속이며 역함수 관계인 두 증가함수를 φ와 ψ라 할 때, $a, b \geq 0$에 대해 $ab \leq \int_o^a \varphi(x)dx + \int_0^b \psi(y)dy$이 성립한다. 등호는 $b = \varphi(a)$일 때만 성립한다.

증명:

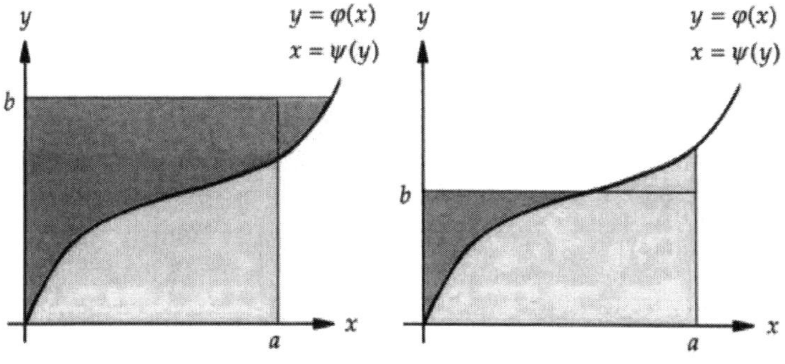

$b > \varphi(a)$　　　　$b < \varphi(a)$

정수의 합

Integer Sums

정수의 합Ⅲ

– S.J. 팔로우 (S.J.Farlow)

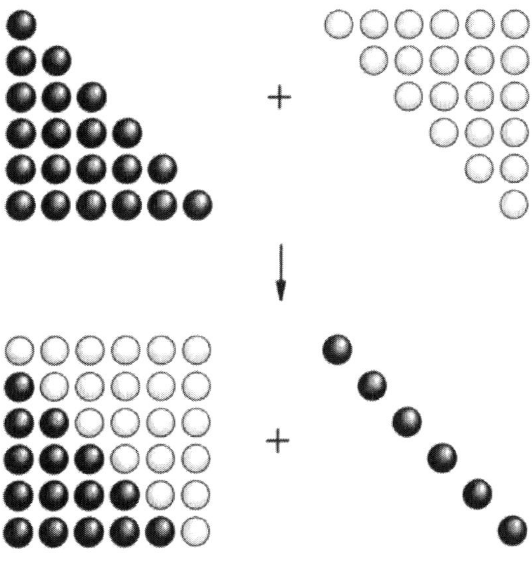

$$1+2+\cdots+n=\frac{1}{2}(n^2+n)$$

연속하는 양의 정수의 합

– C.L. 프렌젠 (C. L. Frenzen)

2의 거듭제곱인 아닌 정수 $N>1$은 둘 이상의 연속하는 정수의 합으로 나타낼 수 있다.

$$N=2^n(2k+1)\ (n\geq 0,\ k\geq 1),$$
$$m=\min\{2^{n+1},\ 2k+1\},$$
$$M=\max\{2^{n+1},\ 2k+1\},$$
$$2N=mM.$$

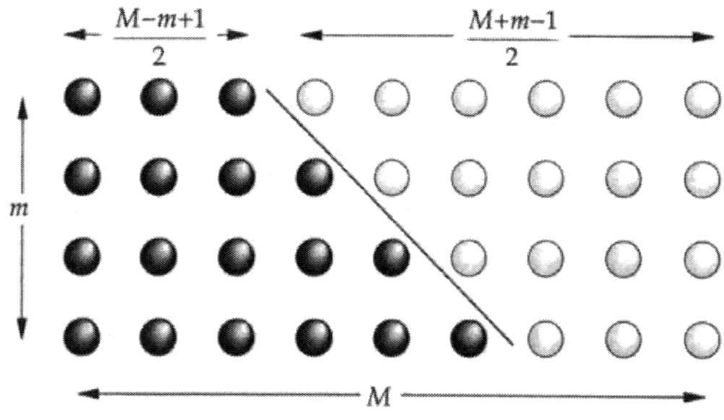

$$N=\left(\frac{M-m+1}{2}\right)+\left(\frac{M-m+1}{2}+1\right)+\cdots+\left(\frac{M+m-1}{2}\right).$$

참고 문헌

1. P. Ross, 《수학 매거진 Mathematics Magazine》 63호 (1990), p.350, 문제 1358.
2. J. V. Wales, Jr., 《수학 매거진 Mathematics Magazine》 64호 (1991), p.351, 문제풀이 1358.

연속하는 정수의 연속적인 합 Ⅱ

$T_k = 1+2+\cdots+k \Rightarrow$

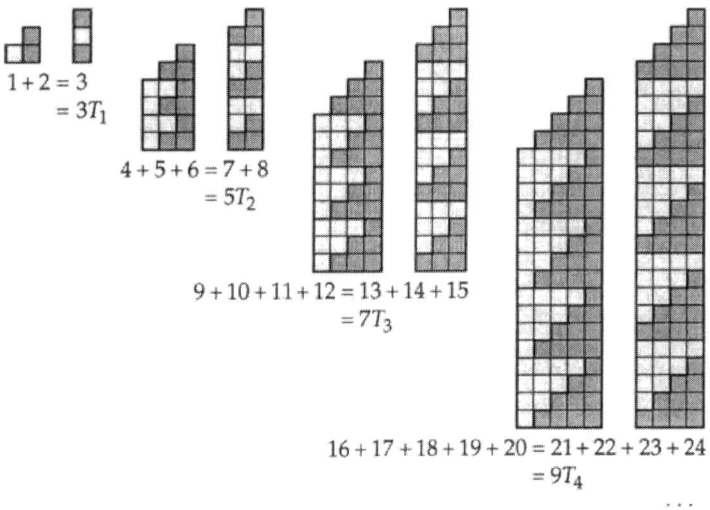

$$n^2+(n^2+1)+\cdots+(n^2+n) = (n^2+n+1)+\cdots+(n^2+2n)$$
$$= (2n+1)T_n$$

제곱수의 합VI

– I. A. 사크마 (I. A. Sakmar)

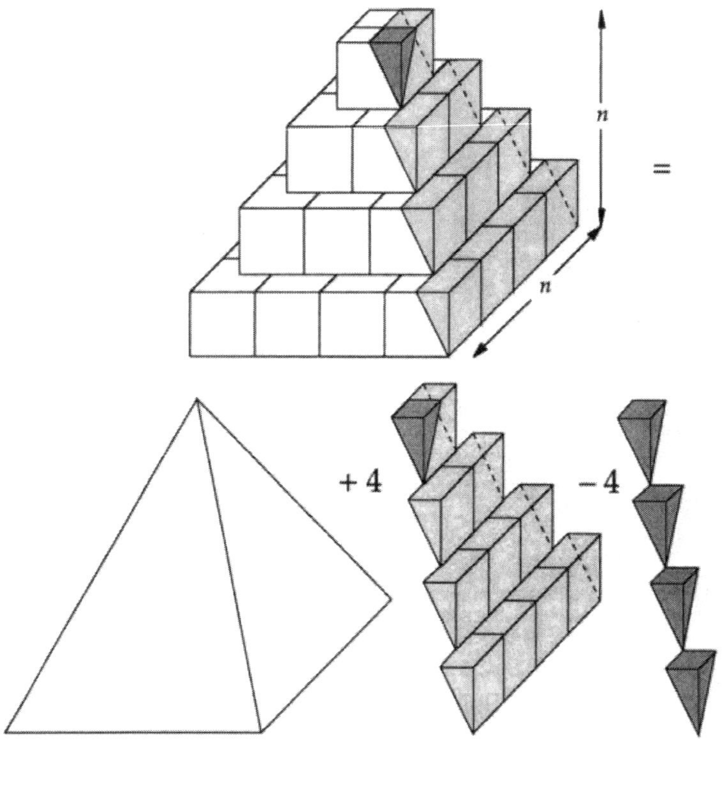

$$1^2+2^2+\cdots+n^2=\frac{1}{3}n^2\cdot n \quad + \quad 4\cdot\frac{n(n+1)}{2}\cdot\frac{1}{4} \quad - \quad 4\cdot n\cdot\frac{1}{12}$$

$$=\frac{1}{6}n(n+1)(2n+1).$$

제곱수의 합Ⅶ

- 내니 베르무스 (Nanny Wermuth)와 한스-위르겐 슈흐 (Hans-Jurgen Schuh)

$$\sum_{k=1}^{n} k^2 = \frac{n(n+1)(2n+1)}{6}$$

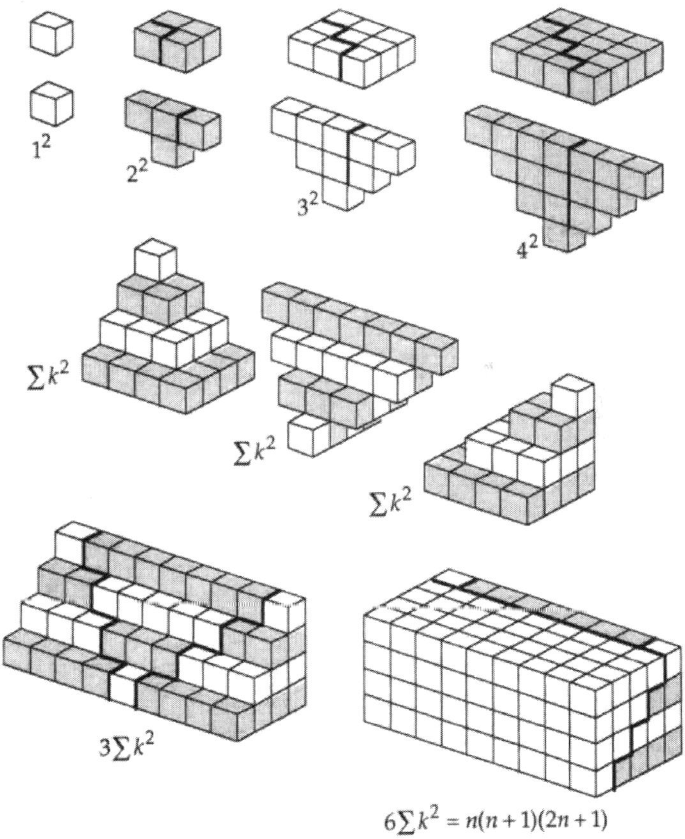

제곱수의 합Ⅷ

$$k^2=1+3+\cdots+(2k-1) \Rightarrow \sum_{k=1}^{n} k^2=\frac{n(n+1)(2n+1)}{6}$$

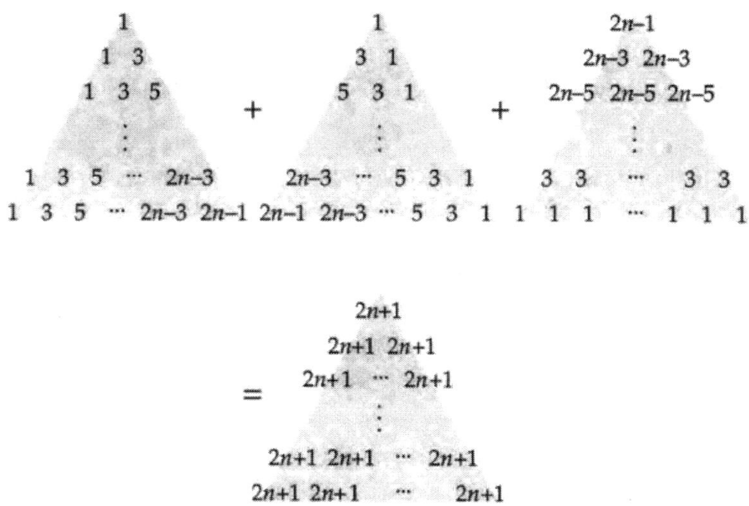

$$3(1^2+2^2+\cdots+n^2)=(2n+1)(1+2+\cdots+n)$$

$$\therefore\ 1^2+2^2+\cdots+n^2=\frac{2n+1}{3}\cdot\frac{n(n+1)}{2}$$

제곱수의 합IX (중선을 이용)

– 시드니 쿵 (Sidney H. Kung)

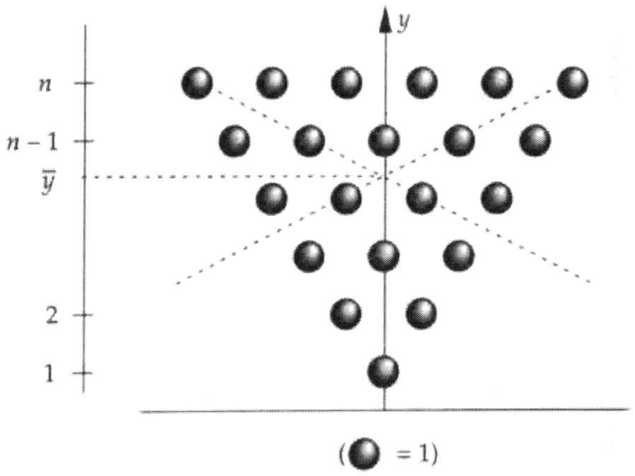

$$\bar{y}=1+\frac{2}{3}(n-1)=\frac{1\cdot 1+2\cdot 2+\cdots+n\cdot n}{1+2+\cdots+n}$$

$$\therefore\ 1^2+2^2+\cdots+n^2=\frac{n(n+1)}{2}\cdot\frac{1}{3}(2n+1)=\frac{1}{6}n(n+1)(2n+1)$$

홀수의 제곱의 합

– 로저 넬센 (Roger B. Nelsen)

$$1^2+3^2+\cdots+(2n-1)^2=\frac{n(2n-1)(2n+1)}{3}$$

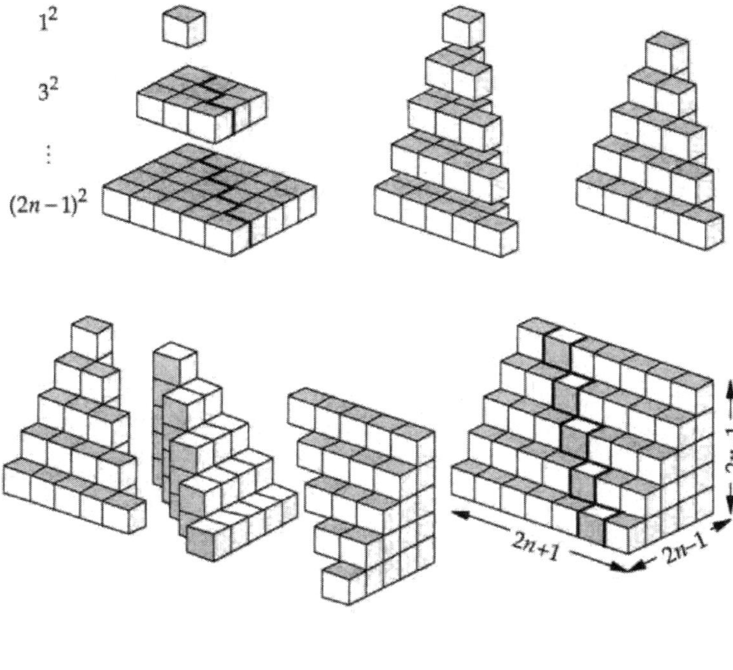

$$3\times[1^2+3^2+\cdots+(2n-1)^2]=[1+2+\cdots+(2n-1)]\times(2n+1)$$
$$=\frac{(2n-1)(2n)(2n+1)}{2}$$
$$=n(2n-1)(2n+1)$$

제곱수의 합의 합

– C.G. 바스턴 (C.G.Wastun)

$$\sum_{k=1}^{n}\sum_{i=1}^{k} i^2 = \frac{1}{3}\binom{n+1}{2}\binom{n+2}{2}$$

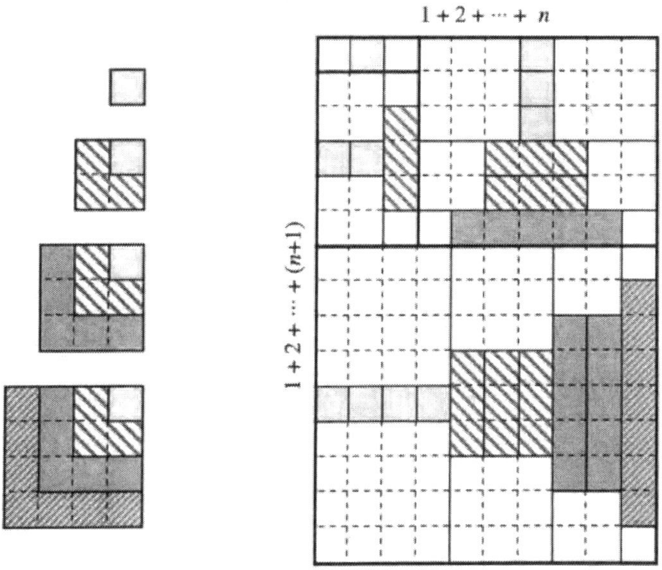

$$3(1^2)+3(1^2+2^2)+3(1^2+2^2+3^2)+\cdots+3(1^2+2^2+\cdots+n^2)$$
$$=\binom{n+1}{2}\binom{n+2}{2}$$

피타고라스의 정리를 닮은 정수의 합

– 마이클 보드맨 (Michael Boardman)

$$3^2+4^2=5_2$$

$$10^2+11^2+12^2=13^2+14^2$$

$$21^2+22^2+23^2+24^2=25^2+26^2+27^2$$

$$\vdots$$

$T_n=1+2+\cdots+n$

$\Rightarrow (4T_n-n)^2+\cdots+(4T_n)^2=(4T_n+1)^2+\cdots+(4T_n+n)^2$

예, $n=3$인 경우

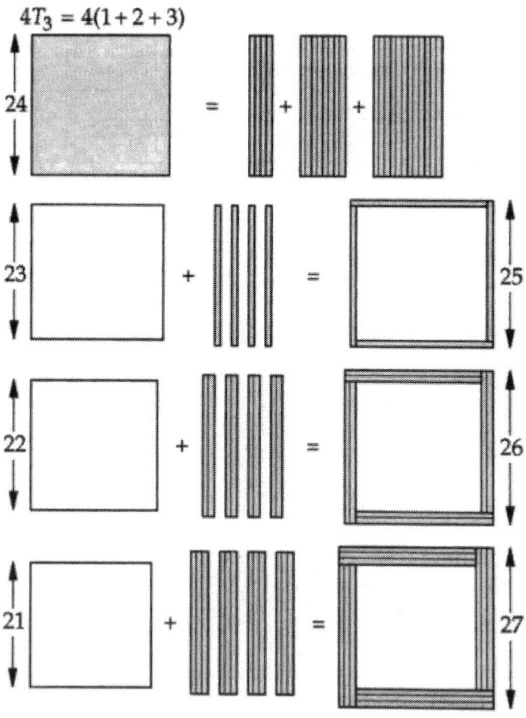

세제곱수의 합Ⅶ

– 알피니오 플로레스 (Alfinio Flores)

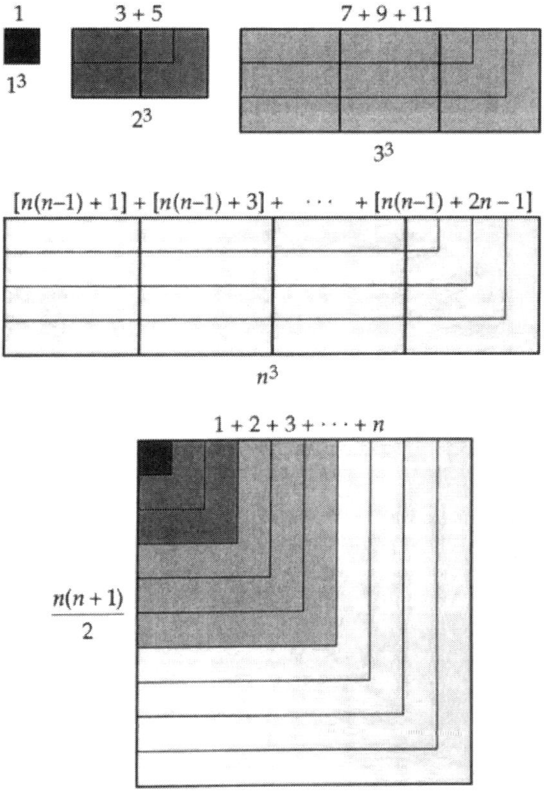

$$1^3 = 2^3 + \cdots + n^3 = 1 + 3 + 5 + \cdots + 2\frac{n(n+1)}{2} - 1 = \left[\frac{n(n+1)}{2}\right]^2$$

세제곱수의 합으로 표현된 자연수의 합

– 로저 넬센 (Roger B. Nelsen)

$$2+3+4=1+8$$

$$5+6+7+8+9=8+27$$

$$10+11+12+13+14+15+16=27+64$$

$$\vdots$$

$$(n^2+1)+(n^2+2)+\cdots+(n+1)^2=n^3+(n+1)^3$$

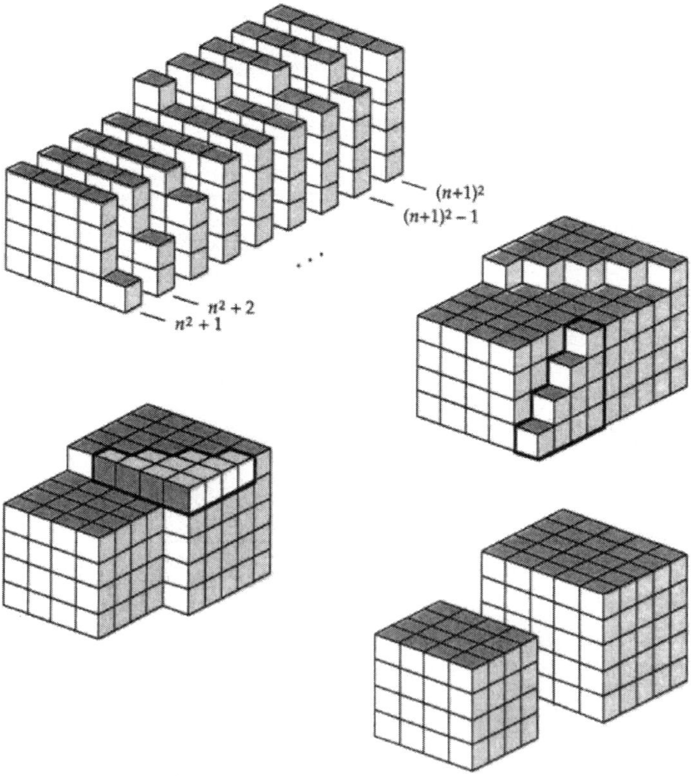

홀수의 제곱은 두 삼각수의 차와 같다

– 로저 넬센 (Roger B. Nelsen)

$$1+2+\cdots+k=T_k \Rightarrow (2n+1)^2=T_{3n+1}-T_n$$

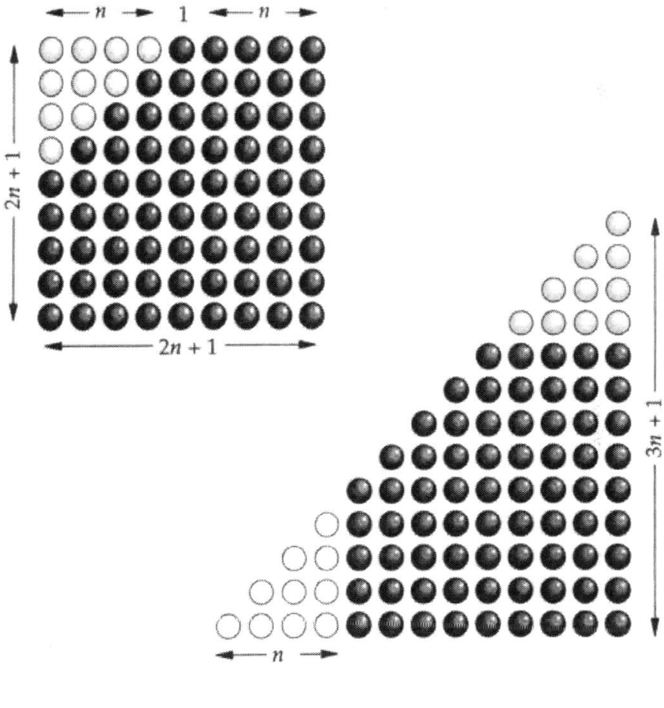

삼각수를 3으로 나눈 나머지

$$t_n = 1+2+\cdots+n \Rightarrow \begin{cases} t_n \equiv 1 \bmod 3, & n \equiv 1 \bmod 3 \\ t_n \equiv 0 \bmod 3, & n \not\equiv 1 \bmod 3 \end{cases}$$

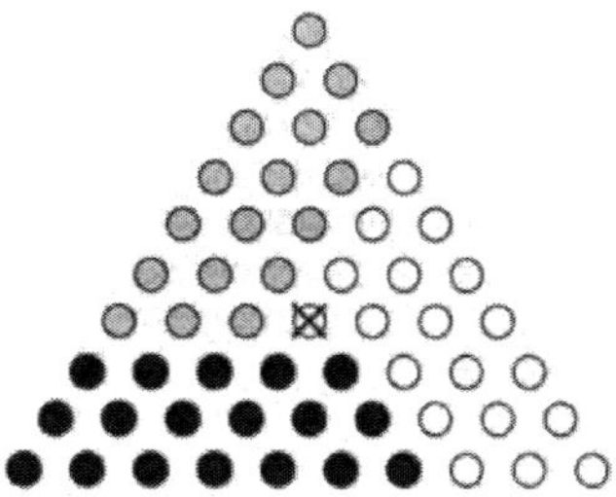

$t_{3k+1} = 1 + 3(t_{2k+1} - t_{k+1})$

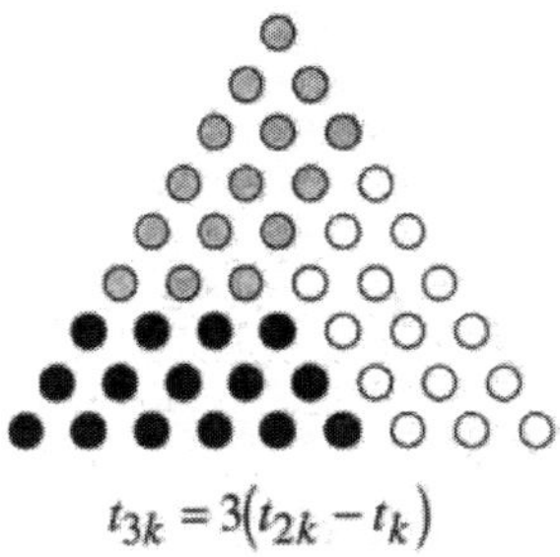

$t_{3k} = 3(t_{2k} - t_k)$

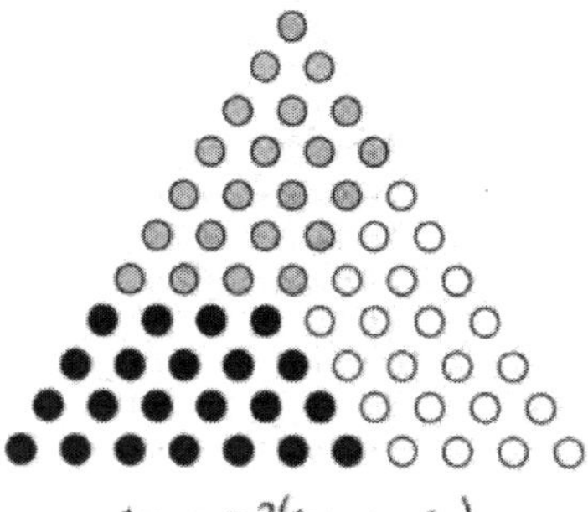

$t_{3k+2} = 3(t_{2k+1} - t_k)$

삼각수의 합IV: 대포알의 개수를 세기

– 디애나 하운스퍼거 (Deanna B. Haunsperger)와 스티븐 케네디 (Stephen F. Kennedy)

$$T_k = 1 + 2 + \cdots + k \Rightarrow \sum_{k=1}^{n} T_k = \sum_{k=1}^{n} k(n-k+1)$$

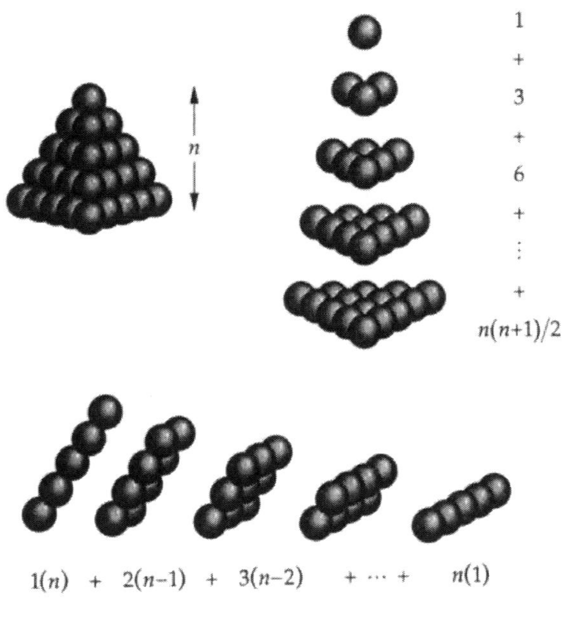

삼각수의 교대합

– 로저 넬센 (Roger B. Nelsen)

$$T_k = 1 + 2 + \cdots + k \Rightarrow \sum_{k=1}^{2n-1} (-1)^{k+1} T_k = n^2$$

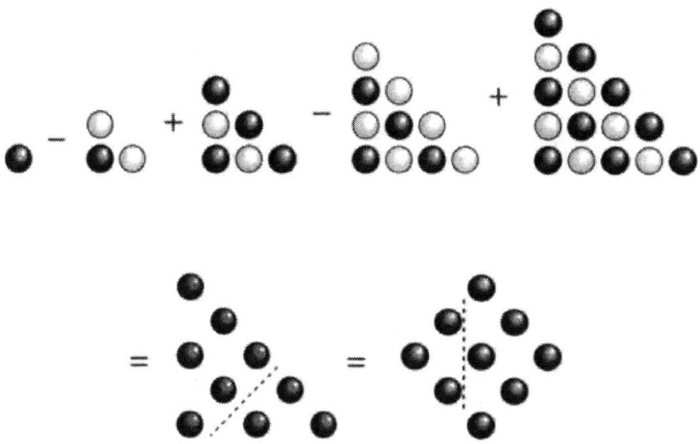

연속하는 삼각수의 제곱의 합은 삼각수다

– 로저 넬센 (Roger B. Nelsen)

$$T_n = 1 + 2 + \cdots + n \Rightarrow T_{n-1}^2 + T_n^2 + T_{n^2}$$

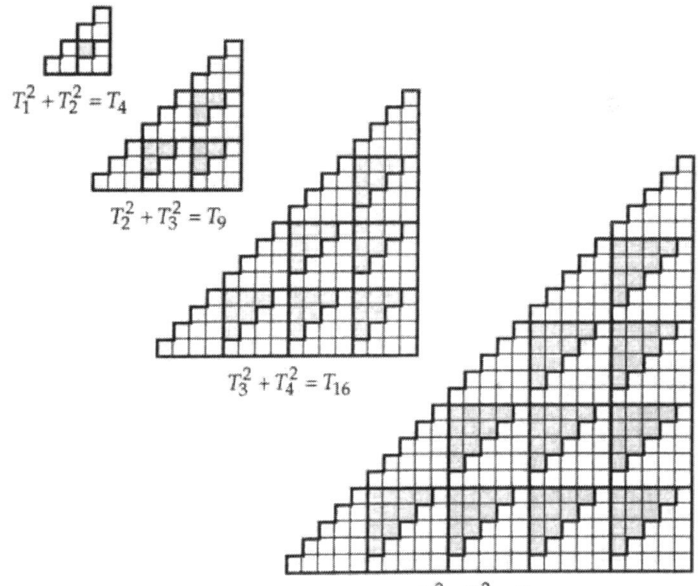

주: 이것은 좀 더 널리 알려진 $T_{n-1} + T_n = n^2$에 따른 결과이기도 하다. 

삼각수의 점화식

$$T_k = 1 + 2 + \cdots + k \Rightarrow T_{n+1} = \frac{n+2}{n} T_n$$

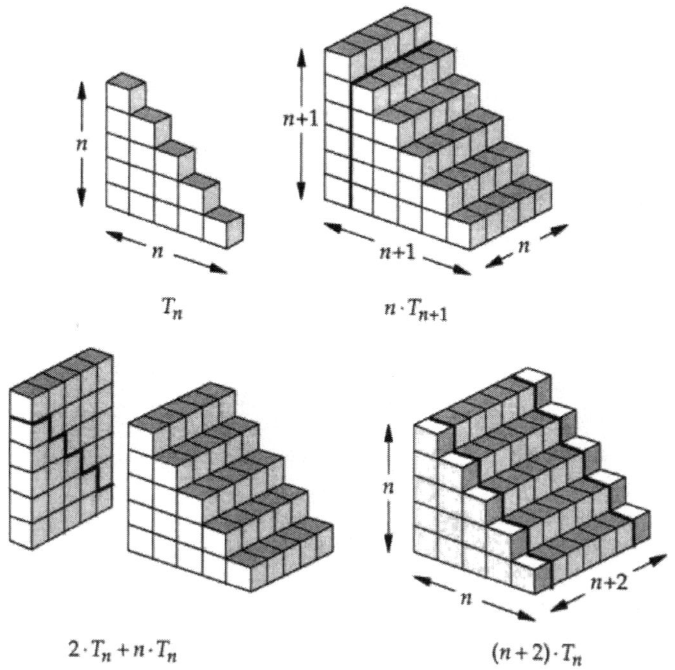

$$n \cdot T_{n+1} = (n+2) \cdot T_n \Rightarrow T_{n+1} = \frac{n+2}{n} T_n$$

삼각수의 항등식 II

– 로저 넬센 (Roger B. Nelsen)

$$T_n = 1 + 2 + \cdots + n \Rightarrow$$

$$T_n T_k + T_{n-1} T_{k-1} = T_{nk}$$

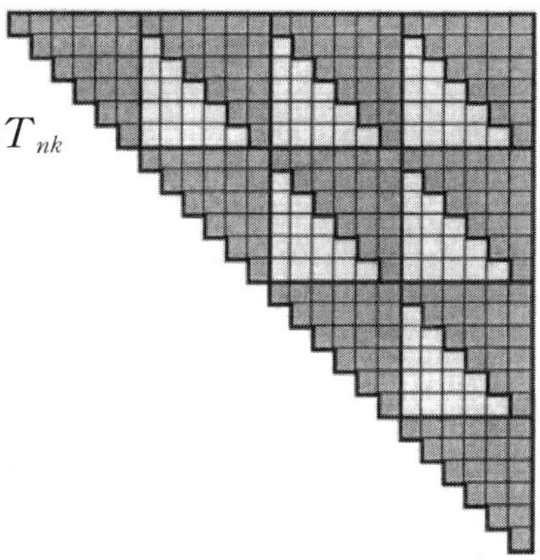

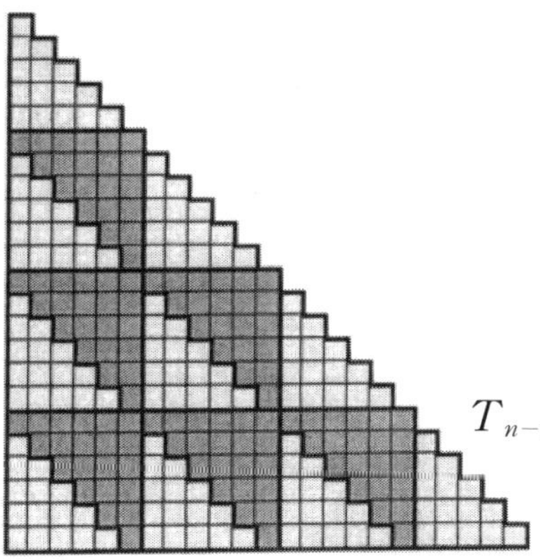

$$T_{n-1} T_k + T_n T_{k-1} = T_{nk-1}$$

삼각수의 항등식Ⅲ

– 제임스 칠라카 (James O. Chilaka)

$$T_n = 1 + 2 + \cdots + n \Rightarrow$$

$$n^2 T_{k-1} + kT_n = T_{nk}$$

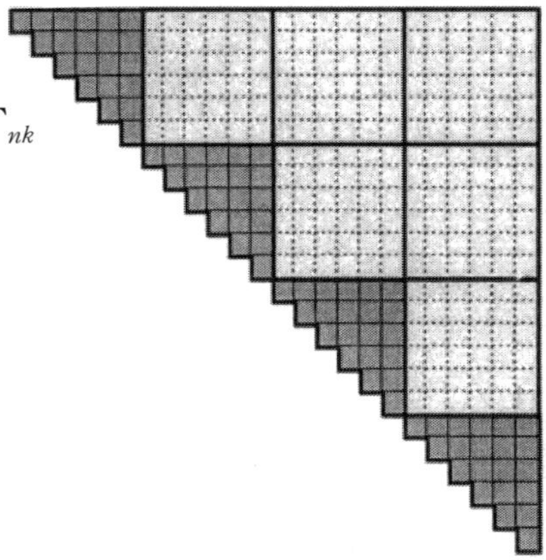

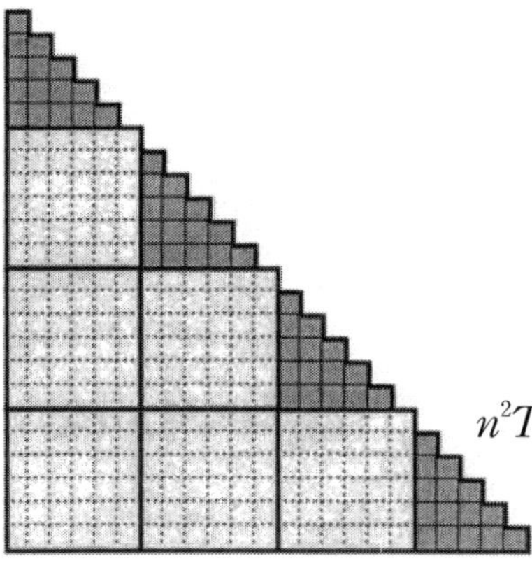

$$n^2 T_{k-1} + kT_{n-1} = T_{nk-1}$$

오각수의 항등식

$$\left.\begin{matrix} P_n = 1+4+7+\cdots+(3n-2) \\ T_n = 1+2+3+\cdots+n \end{matrix}\right\} \Rightarrow$$

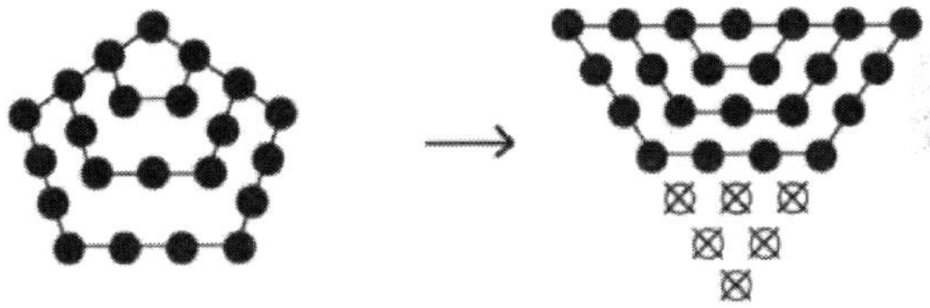

$$P_n = T_{2n-1} - T_{n-1}$$

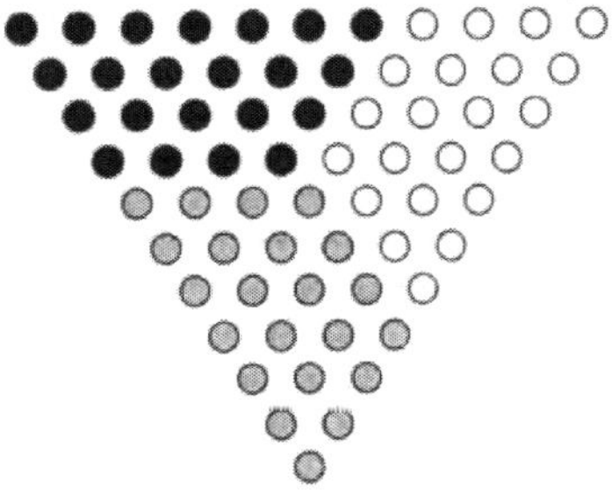

$$P_n = \frac{1}{3} T_{3n-1}$$

팔각수의 합

– 제임스 칠라카 (James O. Chilaka)

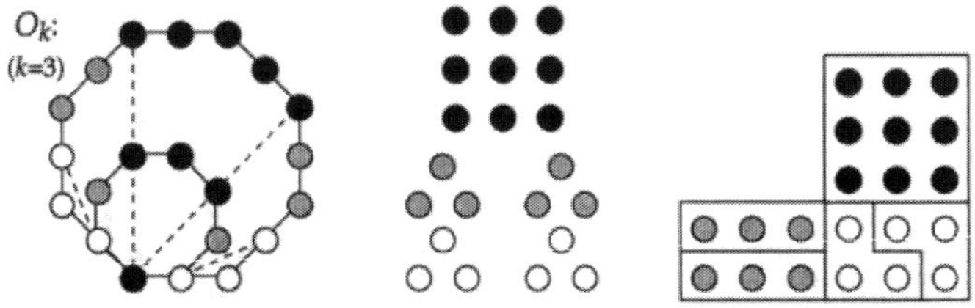

$$T_k = 1 + 2 + \cdots + k \Rightarrow O_k = k^2 + 4T_{k-1}$$

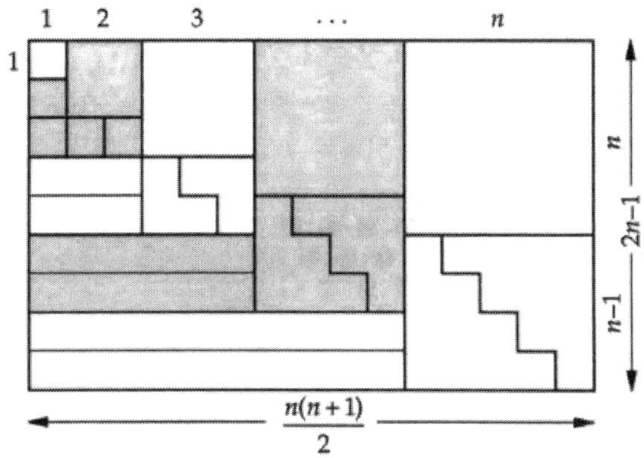

$$\sum_{k=1}^{n} O_k = 1 + 8 + 21 + 40 + \cdots + (n^2 + 4T_{n-1}) = \frac{n(n+1)(2n-1)}{2}$$

연속하는 정수의 곱의 합 I

– 제임스 칠라카 (James O. Chilaka)

$$\sum_{k=1}^{n} k(k+1)=\frac{n(n+1)(n+2)}{3}$$

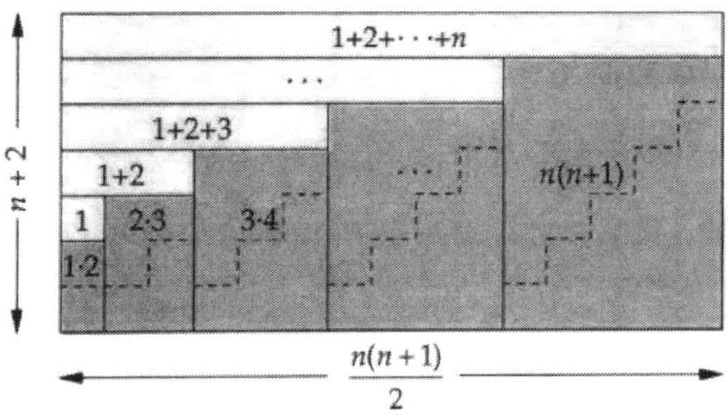

$T_k=1+2+\cdots+k \Rightarrow$

$$1\cdot2+2\cdot3+\cdots+n(n+1)+(T_1+T_2+\cdots+T_n)=\frac{n(n+1)(n+2)}{3},$$

$$T_1+T_2+\cdots+T_n=\frac{1}{2}(1\cdot2+2\cdot3+\cdots+n(n+1)),$$

$$\therefore\ \frac{3}{2}(1\cdot2+2\cdot3+\cdots+n(n+1))=\frac{n(n+1)(n+2)}{3}.$$

연속하는 정수의 곱의 합 Ⅱ

– 제임스 칠라카 (James O. Chilaka)

$$\sum_{k=1}^{n} k(k+1)(k+2) = \frac{n(n+1)(n+2)(n+3)}{4}$$

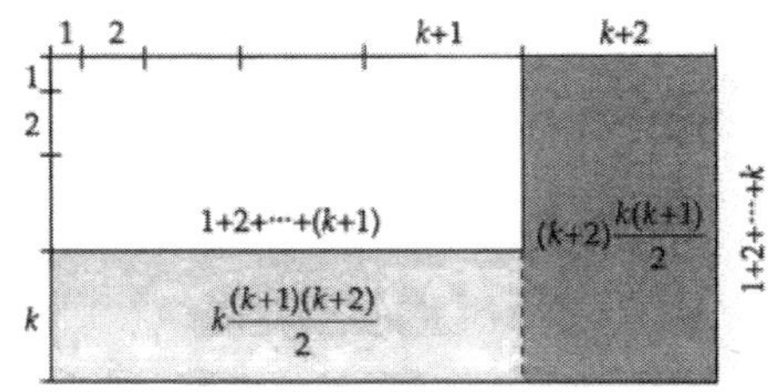

$$k\frac{(k+1)(k+2)}{2} + (k+2)\frac{k(k+1)}{2} = k(k+1)(k+2)$$

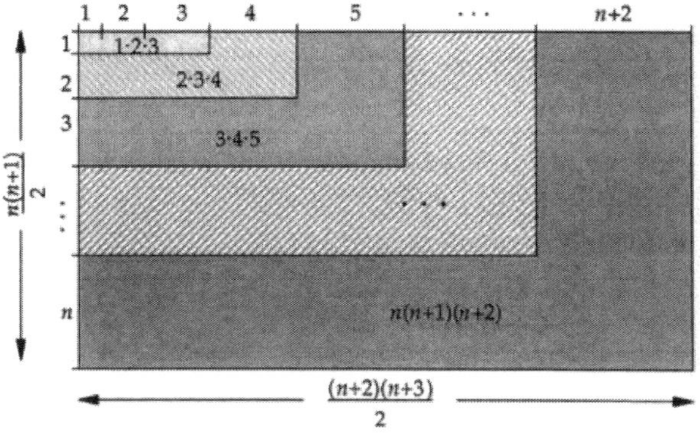

$$1\cdot2\cdot3 + 2\cdot3\cdot4 + \cdots + n(n+1)(n+2)$$

$$= \frac{n(n+1)}{2} \times \frac{(n+2)(n+3)}{2} = \frac{n(n+1)(n+2)(n+3)}{4}$$

피보나치 항등식

– 알프레드 브루소 (Alfred Brousseau)

$F_1 = F_2 = 1,\ F_n = F_{n-1} + F_{n-2} \Rightarrow$

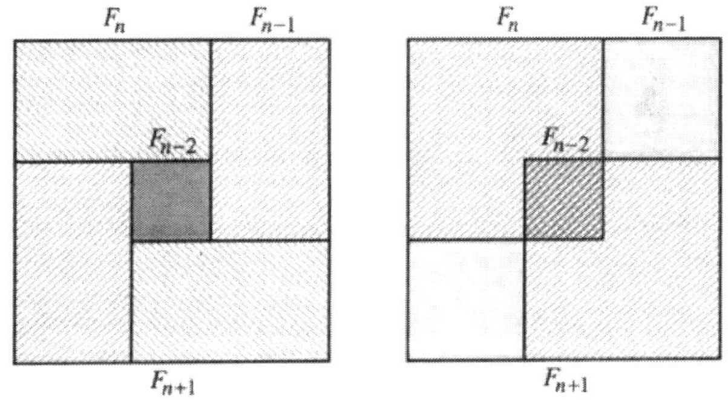

$F_{n+1}^2 = 4F_nF_{n-1} + F_{n-2}^2 \quad F_{n+1}^2 = 2F_n^2 + 2F_{n-1}^2 - F_{n-2}^2$

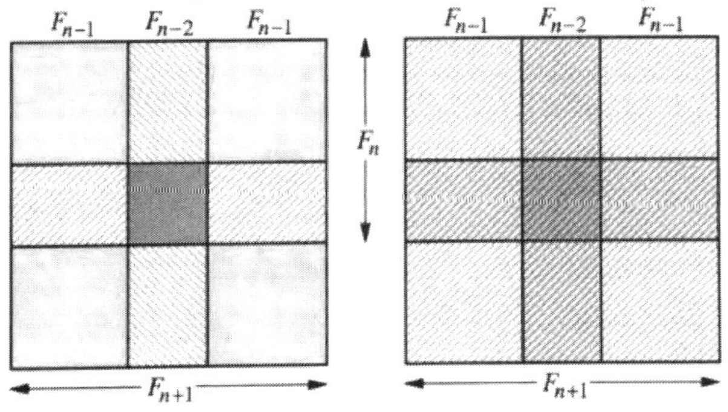

$F_{n+1}^2 = 4F_{n-1}^2 + 4F_{n-1}F_{n-2} + F_{n-2}^2 \quad F_{n+1}^2 = 4F_n^2 - 4F_{n-1}F_{n-2} - 3F_{n-2}^2$

3의 거듭제곱의 합

– 데이비드 셰어 (David B. Sher)

$$\sum_{k=0}^{n-1} 3k = \frac{3^n - 1}{2}$$

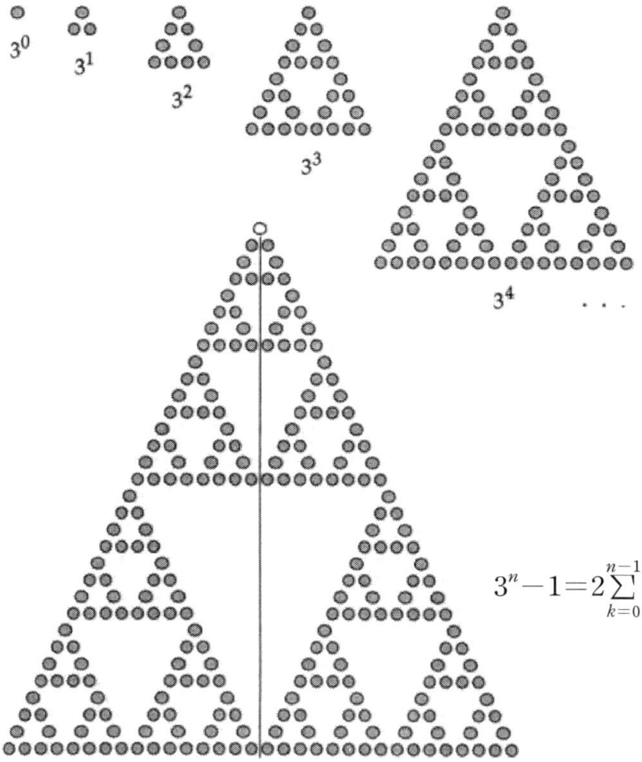

$$3^n - 1 = 2\sum_{k=0}^{n-1} 3^k$$

무한급수, 선형대수, 기타 주제들

Infinite Series, Linear Algebra, & Other Topics

무한등비급수

– 릭 매브리 (Rick Mabry)

$$\frac{1}{4}+\left(\frac{1}{4}\right)^2+\left(\frac{1}{4}\right)^3+\cdots=\frac{1}{3}$$

교대급수

– 제임스 칠라카 (James O. Chilaka)

$$\frac{1}{2}-\frac{1}{4}+\frac{1}{8}-\frac{1}{16}+\frac{1}{32}-\frac{1}{64}+\cdots=\frac{1}{3}$$

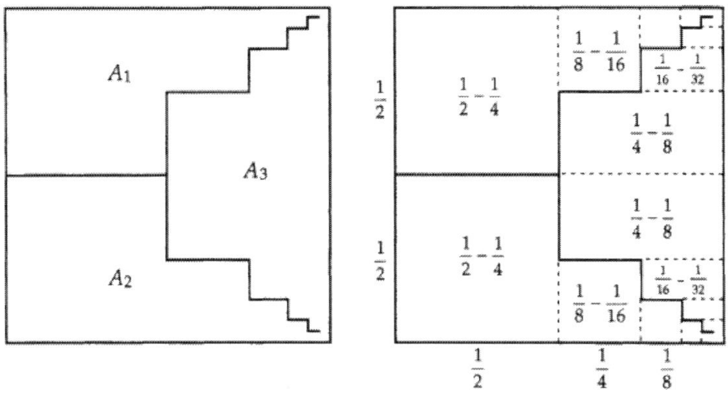

$$A_1=\frac{1}{2}-\frac{1}{4}+\frac{1}{8}-\frac{1}{16}+\frac{1}{32}-\frac{1}{64}+\cdots,$$

$$A_1=A_2=A_3,$$

$$A_1+A_2+A_3=1,$$

$$\therefore A_1=\frac{1}{3}.$$

일반화한 무한등비급수

– 존 메이슨 (John Mason)

2이상인 정수로만 이루어진 수열 $\{k_1, k_2, k_3, \cdots\}$에 대해

$$\frac{k_1-1}{k_1}+\frac{k_2-1}{k_2k_1}+\frac{k_3-1}{k_3k_2k_1}+\cdots=1.$$

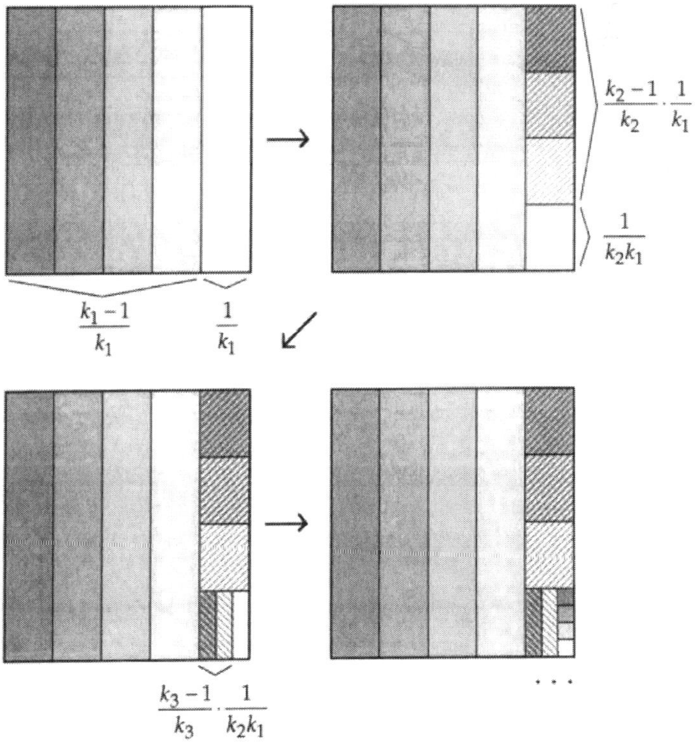

발산하는 무한급수

– 시드니 쿵 (Sidney H. Kung)

$$n>1 \Rightarrow \sum_{k=1}^{n} \frac{1}{\sqrt{k}} > \sqrt{n}$$

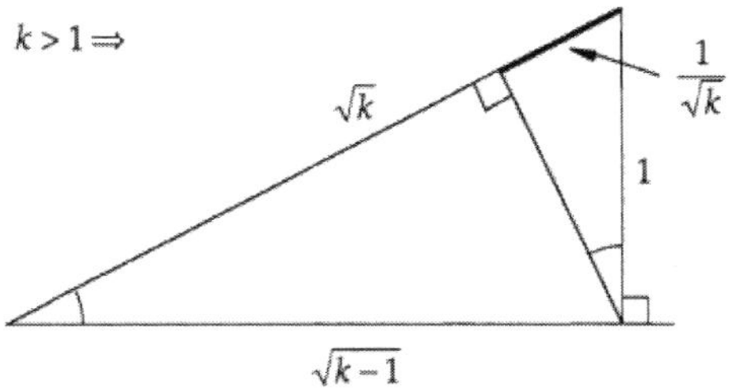

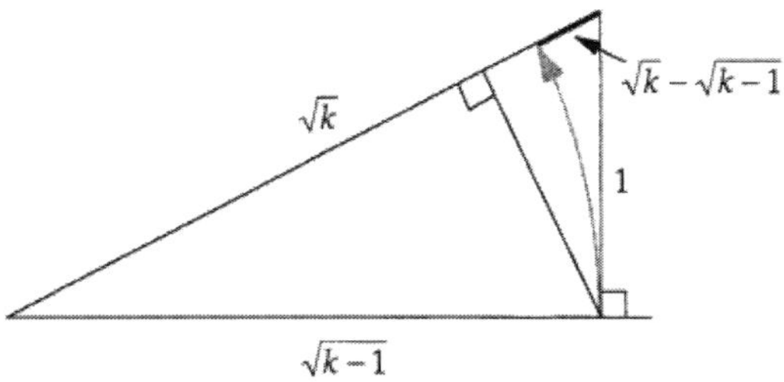

$$\frac{1}{\sqrt{k}} > \sqrt{k} - \sqrt{k-1}$$

$$\frac{1}{\sqrt{2}} + \frac{1}{\sqrt{3}} + \cdots + \frac{1}{\sqrt{n}} > (\sqrt{2}-1) + (\sqrt{3}-\sqrt{2}) + \cdots + (\sqrt{n}-\sqrt{n-1})$$

$$\therefore\ 1 + \frac{1}{\sqrt{2}} + \frac{1}{\sqrt{3}} + \cdots + \frac{1}{\sqrt{k}} > \sqrt{n}$$

갈릴레오의 비

– 알피니오 플로레스 (Alhinio Flores)

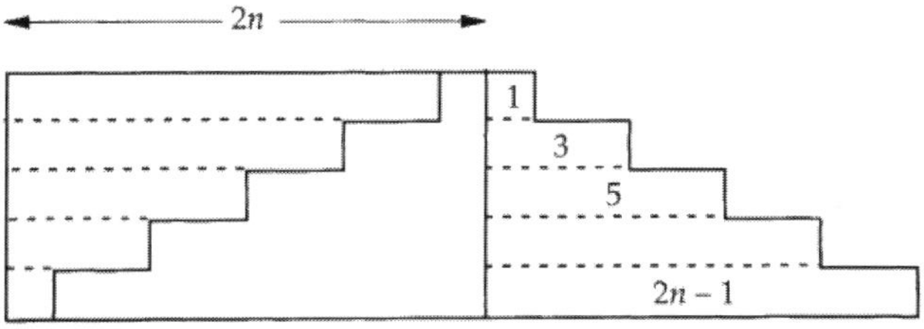

$$\frac{1}{3}=\frac{1+3}{5+7}=\frac{1+3+5}{7+9+11}=\cdots=\frac{1+3+5+\cdots+(2n-1)}{(2n+1)+(2n+3)+\cdots+(2n+2n-1)}$$

조화수열의 합의 합

$$H_k = 1 + \frac{1}{2} + \frac{1}{3} + \cdots + \frac{1}{k} \Rightarrow \sum_{k=1}^{n-1} H_k = nH_n - n$$

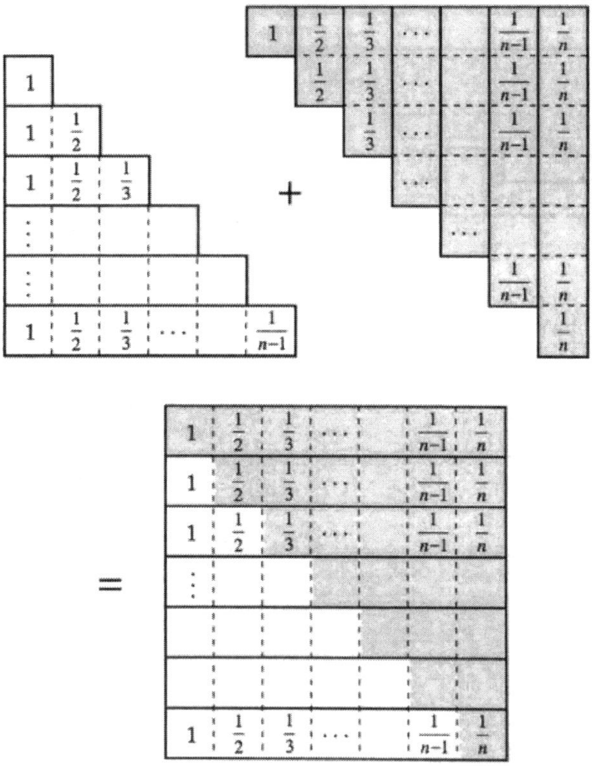

$$\sum_{k=1}^{n-1} H_k + n = nH_n$$

A, B가 행렬일 때, $(AB)^T = B^T A^T$

– 제임스 시몬즈 (James G. Simmonds)

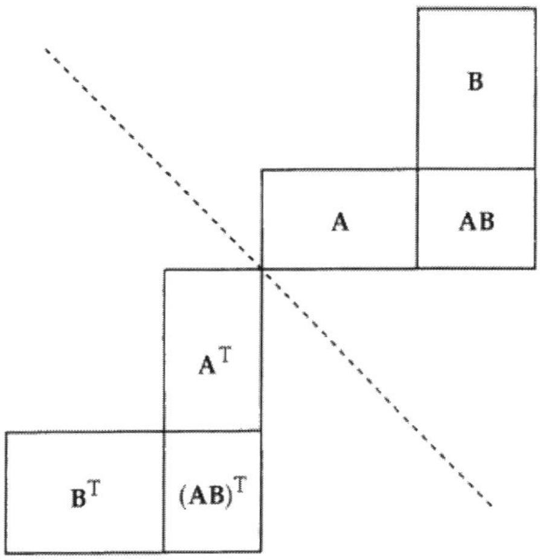

스칼라 삼중곱의 분배법칙

– 콘스탄스 에드워즈 (Constance C. Edwards)와 프라샨트 산스기리 (Prashant S. Sansgiry)

$$\vec{A}\cdot(\vec{C}\times\vec{D})+\vec{B}\cdot(\vec{C}\times\vec{D})=(\vec{A}\times\vec{B})\cdot(\vec{C}\times\vec{D})$$

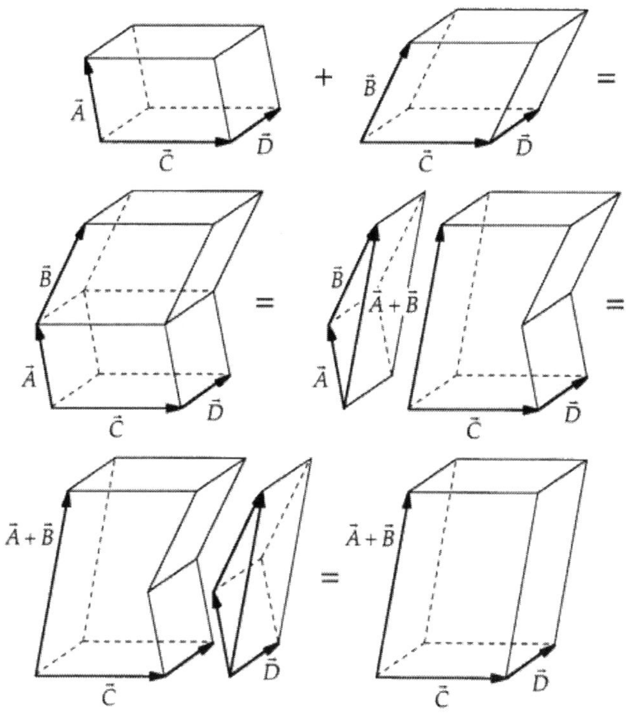

크래머의 법칙

– 미국 교육개발센터의 수학적인 구상 (The Mathematics Initiatives)

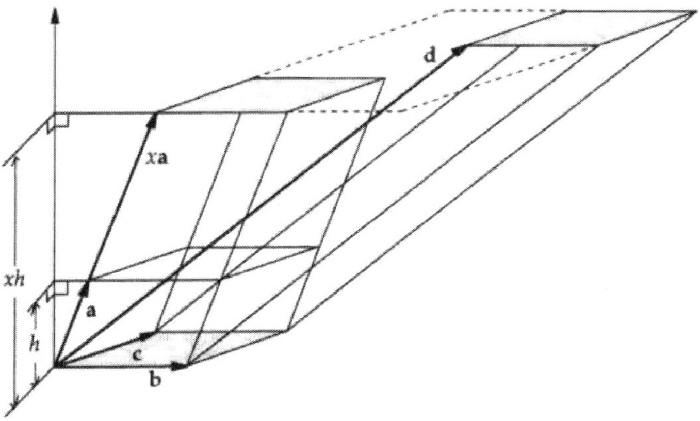

$$x\mathrm{a}+y\mathrm{b}+z\mathrm{c}=\mathrm{d} \Rightarrow \det(\mathrm{d},\ \mathrm{b},\ \mathrm{c})=\det(x\mathrm{a},\ \mathrm{b},\ \mathrm{c})=x\det(\mathrm{a},\ \mathrm{b},\ \mathrm{c})$$

$$\therefore\ x=\frac{\det(\mathrm{d},\ \mathrm{b},\ \mathrm{c})}{\det(\mathrm{a},\ \mathrm{b},\ \mathrm{c})}$$

원시 피타고라스 삼중수의 매개변수 표현

– 레이먼드 보우리가드 (Raymond A. Beauregard)와 E.R. 수리아나라얀 (E.R.Suryanarayan)

$$\frac{a}{2},\ b,\ c \in \mathrm{Z}^{+},\ (a,\ b)=1$$

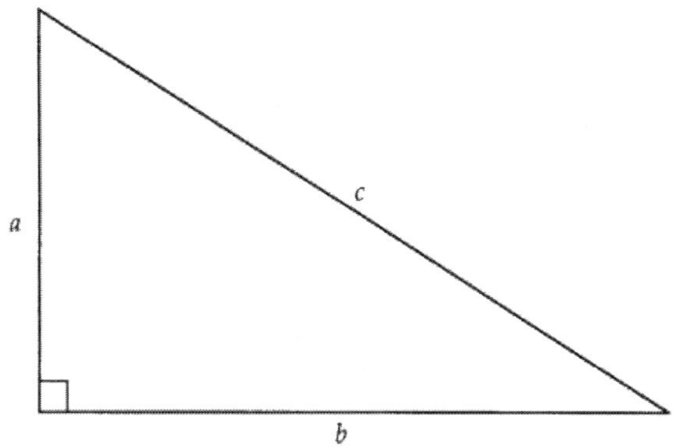

$$\frac{c+b}{a}=\frac{n}{m},\ (n,\ m)=1 \Rightarrow \frac{c-b}{a}=\frac{m}{n},$$

$$\Rightarrow \frac{c}{a}=\frac{n^2+m^2}{2mn},\ \frac{b}{a}=\frac{n^2-m^2}{2mn},$$

$$\Rightarrow n \not\equiv m (\mathrm{mod} 2).$$

$$\therefore (a,\ b,\ c)=(2mn,\ n^2-m^2,\ n^2+m^2).$$

완전수

– 돈 골드버그 (Don Goldberg)

$p=2^{n+1}-1$이 소수이면 $N=2^nP$는 완전수다.

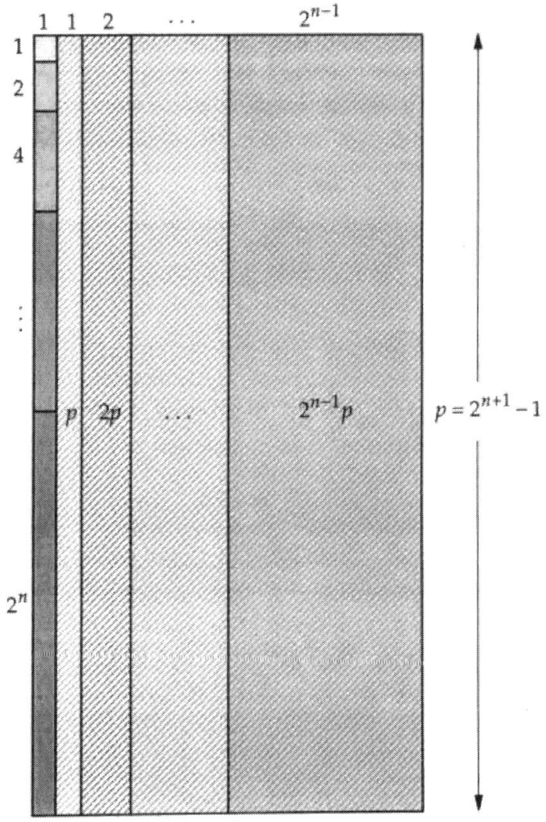

$$1+2+\cdots+2^n+p+2p+\cdots+2^{n-1}p=2^np=N$$

자기 여 그래프

- 스티븐 칼슨 (Stephan C. Carlson)

루프나 다중 변이 없는 그래프를 단순그래프라 한다. $\overline{E}=\{\{v, w\}: v, w\in V, v\neq w, \{v, w\}\notin E\}$에 대해 단순 그래프 $G=(V, E)$가 자신의 여 그래프 $\overline{G}=(V, \overline{E})$에 동형일 경우 G를 자기 여 그래프라 한다. G가 n개의 꼭짓점이 있는 자기 여 그래프일 경우 $n\equiv 0 \pmod 4$이거나 $n\equiv 1 \pmod 4$임을 보이는 것은 잘 알려진 예제다. 이 명제의 역도 성립하는데 다음과 같이 보일 수 있다.

정리: $n\equiv 0 \pmod 4$이거나 $n\equiv 1 \pmod 4$라면, n개의 꼭짓점을 가지는 자기 여 그래프 G_n이 존재한다.

증명:

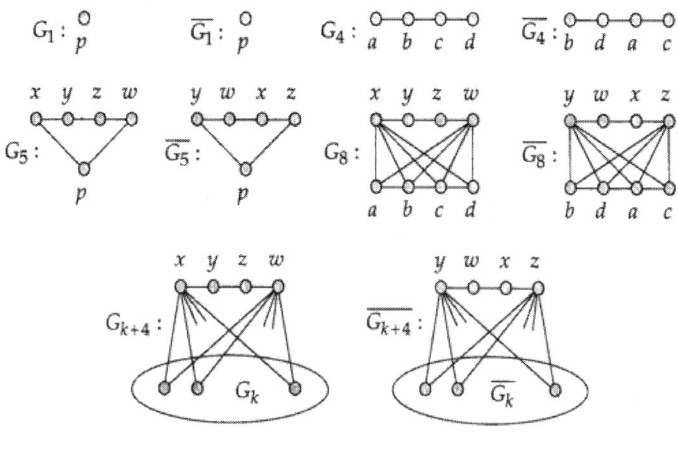

트로미노로 바닥 덮기

– 솔로몬 골롬 (Solomon W. Golomb)

트로미노는 그림처럼 정사각형 세 개로 이루어진 평면도형이다. 

정리: n이 2의 거듭제곱이면, 임의의 한 정사각형을 없앤 $n \times n$ 크기의 체스판의 바닥을 트로미노로 덮을 수 있다.

증명: (귀납법을 이용)

Ⅰ.

Ⅱ.

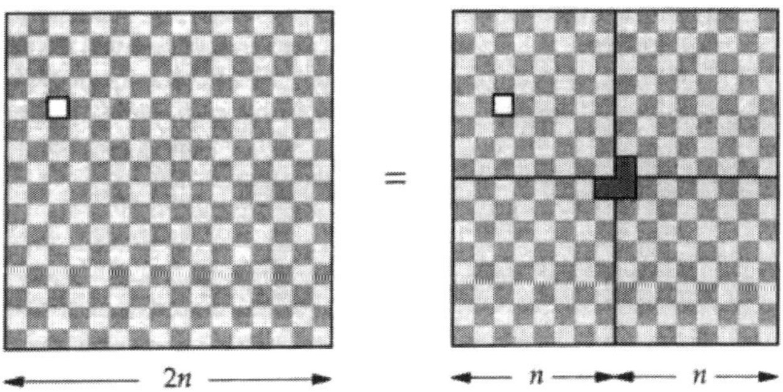

주: $n=5$인 경우를 제외하고 $n \neq 0 \pmod 3$일 때, 임의의 한 정사각형을 없앤 $n \times n$ 크기의 체스판은 트로미노로 덮을 수 있다. "트로미노로 구멍난 보드를 덮기" 이핑추 I–Ping Chu, 리처드 존슨바우 Richard Johnsonbaugh, 《수학 매거진 Mathematics Magazine》 59 (1986) 34~40.

참고문헌

기하와 대수 (Geometry & Algebra)

11 http://tug.org/applications/PSTricks/Tilings

12 Matliematics Magazine, vol. 71, no. 3 (June 1998), p. 170.

13 Howard Eves, Great Moments in Mathematics (Before 1650), The Mathematical Association of America, Washington, 1980, pp. 29–31.

14 Reprinted with permission from English Scott Loomis, The Pythagorean Proposition, P. 112, copyright ©1968 by the National Council of Teachers of Mathematics. All rights reserved.

15 College Mathematics Journal, vol. 27, no. 5 (Nov. 1996), p. 409.

16 Mathematics Magazine, vol. 72, no, 5 (Dec. 1999), p. 407.

17 Mathematics Magazine, vol. 71, no. 5 (Feb. 1998), p. 64.

18 Mathematics Magazine, vol. 70, no. 5 (Dec, 1997), p. 380; vol. 71, no. 3 (June 1998), p. 224.

19 Mathematics Magazine, vol. 71, no. 4 (Oct. 1998), p. 314.

20 http://www.cms.math.ca/CMS/Competitions/OMC/examt/english69.html

21 I. Mathematics Magazine, vol. 71, no. 3 (June 1998, p. 196.
II. Ross Honsberger, Mathematical Morsels, The Mathematical Association of America, Washington, 1978, pp. 27–28.

22 Mathematics Magazine, vol. 72, no. 4 (Oct. 199), p. 317.
23 Written communication
24 Mathematics Magazine, vol. 72, no. 2 (April 1999), p. 142.
25 Reprinted with permission from The Mathematics Teacher [vol. 85, no. 2 (Feb. 1992), front cover; vol. 86, no. 3 (March 1993), p. 192], copyright ©1992, 1993 by the National Council of Teachers of Mathematics. All rights reserved.
26 American Mathematical Montlily, vol. 93, no. 7 (Aug.-Sept. 1986), p. 572.
27 College Mathematics Journal, vol. 28, no. 3 (May 1997), p. 171.
28 Mathematics and Computer Education, vol. 33, no. 3 (Fall 1999), p. 282.
30 Ross Honsberger, Mathemathcal Morsels, The Mathematical Association of America, Washingto, 1978, pp. 204–205.
32 American Mathematical Monthly, vol. 86, n0. 9 (Nov. 1979), p. 752, 755.
33 American Mathematical Monthly, vol. 71, no. 6 (June–July 1964), pp. 636–37.
34 Ross Honsberger, Mathematical GemsⅢ, The Mathematical Association of America, Washington, 1985, pp. 31.
35 Mathematics Magazine, vol. 67, no. 4 (Oct. 1994), p. 267.
36 college Mathematics Journal, vol. 25, no. 3 (May 1994), p. 211.
37 Ross Honsberger, Mathematical Morsels, The Mathematical Association of America, Washington, 1978, pp. 126–27.
38 American Mathematical Monthly, vol. 106, n0. 9 (Nov. 1999), pp. 844–46.
39 Mathematics Magazine, vol. 71, no. 2 (April 1998), p. 141.
40 Mathematics Magazine, vol. 71, no. 5 (Dec. 1998), p. 377.
41 College Mathematics Journal, vol. 27, no. 1 (Jan. 1996), p. 32.
42 College Mathematics Journal, vol. 26, no. 2 (March 1995), p. 131.

삼각함수, 미적분, 해석기하 (Trigonometry, Calculus & Analytic Geometry)

47 Mathematics Magazine, vol. 66, no. 2 (April 1993), p. 135.
48 Written communication
49 College Mathematics Journal, vol. 26, no. 2 (March 1995), p. 145.
50 http://www.maa.org/pubs/mm_supplements/smiley/trigproofs.html
51 Mathematics Magazine, vol. 72, no. 5 (Dec. 1999), p. 366.
52 College Mathematics Journal, vol. 30, no. 3 (May 1999), p. 212.
53 Mathematics Magazine, vol. 72, no. 4 (Oct. 1999), p. 276.

54 College Mathematics Journal, vol. 30, no. 5 (Nov. 1999), p. 433; vol. 31, no. 2 (March 2000), pp. 145–46.

56 Mathematics Magazine, vol. 71, no. 5 (Dec. 1998), p. 385.

57 College Mathematics Journal, vol. 27, no. 2 (March 196), p. 155.

58 Mathematics Magazine, vol. 69, no. 4 (Oct. 1996), p. 269.

59 College Mathematics Journal, vol. 29, no. 2 (March 1998), p. 157.

60 Mathematics Magazine, vol. 69, no. 4 (Oct 1996), p. 278.

61 College Mathematics Journal, vol. 29, no. 2 (March 1998), p. 133.

62 Mathematics Magazine, vol. 71, no. 2 (April 1998), p. 130.

63 College Matliematics Journal, vol. 27, no. 2 (March 1996), p. 108.

64 Mathematics Magazine, vol. 71, no. 3 (June 1998), p. 207.

66 College Mathematics Journal, vol. 29, no. 2 (March 1998), p. 147.

67 College Mathematics Journal, vol. 28, no, 3 (May 1997), p. 186

68 College Mathematics Journal, vol. 29, no. 4 (Sept. 1998), p. 313.

69 College Matliematics Journal, vol. 27, no. 4 (Sept. 1996), p. 304.

70 http://www.iam.ubc.ca/~newbury/proofwowords/proofwowords.html

71 Written communication

72 College Matlieniatics Journal, vol. 29, no. 1 (Jan. 1998), p. 17.

73 Matlieniatics Magazine, vol. 68, no. 3 (June 1995), p. 192.

74 Mathematics Magazine, vol. 66, no. 2 (April 1993), p. 113.

75 CoDege Matlieniatics Journal, vol. 30, no. 3 (May 1999), p. 212.

부등식 (Inequalities)

79 Mathematics and Computer Education, vol. 31, no. 2 (Spring 1997), p. 191.

80 College Mathematics Journal, vol. 26, no. 1 (Jan. 1995), p. 38.

81 College Mathematics Journal, vol. 25, no. 2 (March 1994), p. 98.

82 Mathematics Magazine, vol. 73, no. 2 (April 2000), p. 97.

83 American Mathematical Monthly, vol. 88, no. 3 (March 1981), p. 192.

84 Mathematics Magazine, vol. 68, no. 4 (Oct. 1995), p. 305.

85 College Mathematics Journal, vol. 26, no. 5 (Nov. 1995), p. 367; vol. 27, no. 2 (March 1996), p. 148.

86 College Mathematics Journal, vol. 25, no. 3 (May 1994), p. 192.

87 Mathematics Magazine, vol. 69, no. 2 (April 1996), p. 126.

88 Mathematics Magazine, vol. 37' no. 1 (Jan.–Feb. 1964), pp. 2–12.

자연수의 합 (Inreger Sums)

91 College Mathematics Journal, vol. 26, no. 3 (May 1995), p. 190.

92 Mathematics Magazine, vol. 70, no. 4 (Oct. 1997), p. 294.

94 Mathematics Magazine, vol. 70, no. 3 (June 1997), p. 212.

95 Student, vol. 3, no. 12 (March 1999), p. 43.

97 College Mathematics Journal, vol. 25, no. 2 (March 1994), p.111.

98 College Mathematics Journal, vol. 25, no. 3 (May 1994), p. 246.

99 Written communication

100 Mathematics Magazine, vol. 73, no. 1 (Feb. 2000), p. 59.

101 College Mathematics Journal, vol. 29, no. 1 (Jan. 1998), p. 61.

102 Mathematics Magazine, vol. 71, no. 1 (Feb. 1998), p. 65.

103 College Mathematics Journal, vol. 27, no. 2 (March 1996), p. 118.

105 Mathematics Magazine, vol. 70, no. 1 (Feb. 1997), p. 46.

106 Mathematics Magazine, vol. 68, no, 4 (Oct. 1995), p. 284.

107 Matliematics Magazine, vol. 70, no. 2 (April 1997), p. 130.

109 College Mathematics Journal, vol. 28, no. 3 (May 1997), p. 197.

110 Mathematics Magazine, vol, 69, no, 2 (April 1996), p. 127.

112 Mathematics and Computer Education, vol. 33, no. 1 (Winter 1999), p. 62.

113 Mathematics Magazine, vol. 67, no. 5 (Dec. 1994), p. 365.

114 Matliematics Magazine, vol. 69, no. 1 (Feb. 1996), p. 63.

115 M. Bicknell & V. E. Hoggatt, Jr. (eds.), A Primer for the Fibonacci Numbers, The Fibonacci Association, San Jose, 1972, pp. 152–56.

116 Mathematics and Computer Education, vol. 31, no. 2 (Spring 1997), p. 190.

무한급수, 선형대수, 다른 주제들 (Infinite Series, Linear Algebra, and Other Topics)

119 Mathematics Magazine, vol. 72, no. 1 (Feb. 1999), p. 63.

120 Matliematics Magazine, vol. 69, no. 5 (Dec. 1995), pp. 355–56.

121 College Matliematics Journal, vol. 26, no. 5 (Nov. 1995), p. 381.

122 College Mathematics Journal, vol. 26, no. 4 (Sept, 1995), p. 301.

123 College Mathematics Journal, vol. 29, no. 4 (Sept. 1998), p. 300.

125 College Matliematics Journal, vol. 26, no. 3 (May 1995) p. 250.

126 Mathematics Magazine, vol. 70, no. 2 (April 1997), p. 136.
127 CoUege Mathematics Journal, vol. 28, no. 2 (March 1997), p. 118.
128 Mathematics Magazine, vol. 69, no. 3 (June 1996), p. 139.
129 Written communication
130 Mathematics Magazine, vol. 73, no. 1 (Feb. 2000), p. 12.
131 American Mathematical Monthly, vol. 61, no. 10 (Dec. 1954), pp. 675–82.

인명색인